U0176080

输变电设备物联网技术与实践

国网江苏省电力有限公司电力科学研究院　组编

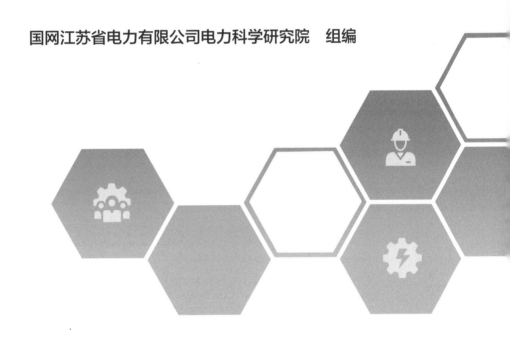

中国电力出版社
CHINA ELECTRIC POWER PRESS

内 容 提 要

本书对输变电设备物联网技术及相关装备的应用和建设经验进行归纳总结，介绍了物联网和输变电设备物联网的概念及关键技术，阐述了其在新型电力系统建设和电网数字化转型中的重要作用，从平台架构、感知技术、网络技术、边缘计算技术、测试技术、安装验收及运维等方面系统地阐述了输变电设备物联网技术，通过四个实际试点工程案例呈现了具体的建设实践经验。

本书可以为电网企业从事输变电设备物联网及设备运维的工程技术人员提供实践参考，也可为高等学校电气和信息等相关专业学生提供理论指导。

图书在版编目（CIP）数据

输变电设备物联网技术与实践 / 国网江苏省电力有限公司电力科学研究院组编. —北京：中国电力出版社，2023.12

ISBN 978-7-5198-7910-5

Ⅰ.①输… Ⅱ.①国… Ⅲ.①互联网络—应用—输配电设备—研究②智能技术—应用—输配电设备—研究 Ⅳ.① TM7 ② TP393.4 ③ TP18

中国国家版本馆 CIP 数据核字（2023）第 146023 号

出版发行：中国电力出版社
地　　址：北京市东城区北京站西街 19 号（邮政编码 100005）
网　　址：http://www.cepp.sgcc.com.cn
责任编辑：刘丽平　王蔓莉
责任校对：黄　蓓　马　宁
装帧设计：张俊霞
责任印制：石　雷

印　　刷：三河市航远印刷有限公司
版　　次：2023 年 12 月第一版
印　　次：2023 年 12 月北京第一次印刷
开　　本：710 毫米 ×1000 毫米　16 开本
印　　张：18
字　　数：266 千字
定　　价：98.00 元

编 委 会

主　任　陈宏钟　王　肃

副主任　戴　锋　李来福　王　海

委　员　黄　强　吉亚民　李　群　陈久林　付　慧
　　　　　杨景刚　孙　蓉　张国江　胡成博

编 写 组

组　长　路永玲

成　员　刘子全　王　真　朱雪琼　贾　骏　李双伟
　　　　　徐江涛　邵　进　李　勇　陈　挺　刘征宇
　　　　　薛　海　颜　伟　赵　阳　周孟夏　王　维
　　　　　吴大鹏　郑　敏　刘　洪　邵　剑　陈　杰
　　　　　郝宝欣　蔚　超　吴奇伟　潘一璠　常　帅
　　　　　陈　伟　杨　霄　李玉杰　尹康涌　宋　博
　　　　　邵新苍　陶凤波　刘建军　刘　建　周　立
　　　　　马　勇　朱孟周　沈兴来　陈　通　朱正谊
　　　　　汪　俊　周建华　陈　舒　胡妍捷　周俊博
　　　　　孙　龙　徐家园

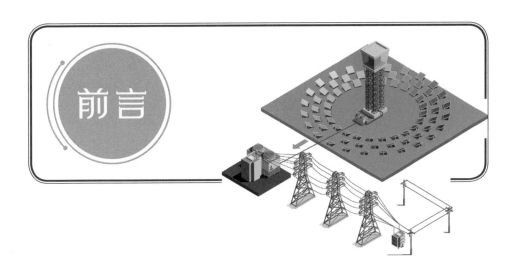

前言

随着我国经济的快速发展，物联网已成为新一代信息技术的重要组成部分，对新一轮产业变革和经济社会绿色、智能、可持续发展具有重要意义。物联网利用感知技术和智能装备对物理世界进行感知和识别，通过网络传输互联进行计算、处理和知识挖掘，实现人、机、物互联互通与信息交互，达到对物理世界实时控制、精准管理和科学决策的目的。输变电设备物联网是物联网技术在输变电设备领域的融合应用，具有智慧化、多元化、生态化的特征，是新型电力系统的重要组成部分。

随着新型电力系统建设和电网数字化转型的不断深入，输变电设备物联网及相关装备的应用规模呈逐年增长趋势，为电网运行信息可靠获取、设备状态远程监控、运检工作智能替代等提供重要支撑，促进设备运行可靠性与运检质效不断提升。本书归纳总结了近年来电网企业在输变电设备物联网方面的建设及应用经验，通过试点案例呈现具体做法，以期在生产实践中起到借鉴作用。本书可为从事输变电设备物联网及设备运维的工程技术人员提供实践参考，也可为高等学校电气和信息等相关专业的学生提供理论指导。

本书从平台架构、感知技术、网络技术、边缘计算技术、测试技术与工程实践等方面系统阐述输变电设备物联网技术，主要内容分为八章：第一章介绍物联网和输变电设备物联网概念及关键技术；第二章介绍输变电设备物联网架构，包括感知层、网络层、平台层和应用层；第三章介绍传感器技术及设备，包括传感器技术原理、低功耗技术、自取能技术等；第四章介绍无线传感网及设备，包括大规模接入技术、灵活组网技术、时间同步技术、故障自愈技术及典型无线传感网设备；第五章介绍边缘计算技术及应用，包括边缘计算技术、边缘技术框架及输变电物联网边缘计算应用；第六章介绍输变电物联网测试技术，包括检验规则、试验方法、判定依据、可靠性评估方法；第七章介绍输变电设备物联网安装、验收及运维；第八章介绍输变电设备物联网建设实践，包括 220kV 输电线路物联网试点工程等 4 个建设实践案例。

本书在编写过程中，查阅了相关文献、著作、标准等资料，在此对所引用资料的作者及相关厂商表示诚挚的感谢！对于搜集到的相关共享资料没有注明出处或由于时间、疏忽等原因找不到出处的以及编者对有些资料进行了加工、修改而纳入书中的内容，编者郑重声明其著作权属于原创作者，并在此向他们的共享表示致敬和感谢！

由于时间仓促，书中难免有不当或疏漏之处，恳请广大读者批评指正。

编者

2023 年 9 月于南京

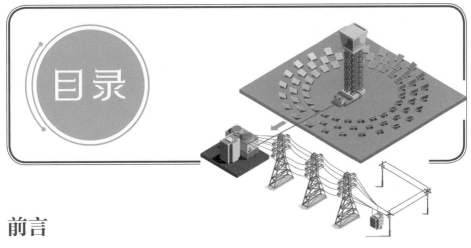

目录

第一章

概述

在当今数字化时代，物联网技术越来越受到人们关注，已在医疗、交通等领域广泛应用。而在电力运维领域中，输变电设备物联网技术的发展和应用也越发成熟。本章将介绍物联网的概念、电力物联网发展现状和输变电设备物联网关键技术。

1.1 物联网简介

1.1.1 物联网基本概念

物联网的概念最早由美国麻省理工学院自动识别中心的学者于1999年提出，他们认为物联网是指将所有对象通过传感设备与互联网连接起来，实现智能化识别和管理的网络。国际标准化组织（International Standard Organization，ISO）和国际电工委员会（International Electrotechnical Commission，IEC）将物联网定义为：一种物、人、系统和信息资源互联的基础设施，结合智能服务，使其能够处理物理和虚拟世界的信息并作出响应。随着物联网技术的发展和应用，物联网的概念也发生了变化。如今，物联网是指将特定的传感设备和软件嵌入到感知对象中，通过感应识别技术、专用网络和信息系统进行自动信息读取、传输和智能处理，从而实现人与物、物与物之间自由的信息交换和智慧行动。

1.1.2 电力物联网发展现状

电力物联网是指在发电、输电、变电、配电及用电等环节，高效利用人工智能、数据互联等高质量现代通信技术和广泛的信息资源，以实现电力系统各环节万物紧密连接和人机实时交互为前提，对各类电力设备开展状态全方位感知、数据即时性采集、信息高质量上传、资源高效率利用、应用便捷化操作、需求低时延响应等服务，形成完善的智能化、体系化服务系统。

在发电环节，可采用无线传感器完成对发电厂的磨煤机电缆隧道、电缆桥架、电缆夹层温度、氧气含量及隧道内积水情况等进行实时在线监测，并通过数据分析实现监测区域的事故预警和环境状态判断，为电力企业的安全运行提供有力支撑。

在输电环节，由于输电线路大部分位于人烟稀少的郊区，日常巡检尤其在恶劣天气条件下非常困难且危险，为解决这些问题，可以通过部署相应的传感监测装置，如通道环境监测装置、线路本体监测装置和分布式故障监测装置，实现对输电线路状态的判断和预警。

在变电环节，通过应用变电站状态监测传感器、局部放电监测传感器等先进传感技术，在变电站内实时采集变电站环境、状态、电气和行为数据，并集成全面的运行信息，实现无人值守变电站设备和环境的深度感知、风险预警和远程监控，提高变电站状态感知的及时性、主动性和准确性。

在配电环节，可利用低功耗无线传感网络监测配电终端的运行状态，并将数据上报到配电子站。

在用电环节，可以通过用电信息采集系统对电力用户的用电信息进行采集、处理和实时监控，实现自动采集、计量异常监测、电能质量监测、用电分析和管理、信息发布、分布式能源监控以及智能用电设备的信息交互等功能。

未来，电力物联网将有效提升电力系统可观、可测、可控能力，加快电网信息采集、感知、处理、应用等全环节数字化、智能化能力，为打造数字孪生电网、推进电网向能源互联网升级提供关键技术支撑，助力构建新型电力系统以及双碳目标的实现。

本书重点针对输变电设备的运维进行介绍。输变电设备主要包括变压器、断路器、互感器、隔离开关、避雷器、绝缘子杆塔、输电线路和导线等，它们在电能传输过程中起着举足轻重的作用，其运行的可靠性直接关系到电力系统的安全稳定，也决定着供电质量和供电可靠性。为了提升输变电设备的管理和运维效率，构建输变电设备物联网，运用传感器、无线传感网和边缘计算等技术，实现设备状态精准感知、缺陷隐患及时预警，这对电力系统的安全性、稳定性和可靠性、促进电网的可持续发展、推动社会经济进步意义重大。

1.2 输变电设备物联网关键技术

输变电物联网技术主要包括传感器技术、无线传感网技术和边缘计算技术。

1.2.1 传感器技术

根据 GB/T 7665—2005《传感器通用术语》中的定义，传感器是能感受规定的被测量并按照一定的规律转换成可用输出信号的器件或装置，通常由敏感元件和转换元件组成。

传感器一般由敏感元件、转换元件和转换电路三部分组成，如图 1-1 所示。敏感元件直接感受被测量（非电量），并输出与被测量有确定关系的物理量信号；转换元件将敏感元件输出的物理量信号转换为电信号；转换电路负责对转换元件输出的电信号进行放大调制，转换为方便处理、显示、记录、控制和传输的可用电信号；转换元件和转换电路还需要辅助电源供电。

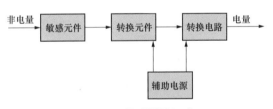

图 1-1 传感器的组成

输变电设备物联网中的传感器具有无源化、无线化、低功耗和小型化四个特点。无源化和无线化使传感器的安装位置更加自由，减少其受电源线、电池等供电条件的限制，减轻线缆部署对施工空间和成本的压力；低功耗可以使传感器续航时间得到大幅提高；小型化则节约空间且降低了用料成本。

1.2.2 无线传感网技术

无线传感网（Wireless Sensor Networks，WSN）由多个传感节点组成，这

些传感节点体积小、成本低且耗能低，具有无线通信和检测功能，通过它们之间的相互协作可以完成数据信息采集和传输。

无线传感网的核心要素包括传感器、汇聚节点和接入节点。在监测区域内或其附近，部署大量传感器负责监测数据，并将数据沿着网络中的汇聚节点和接入节点传输至后台系统。在传输过程中，监测数据可能经过多个节点进行处理，然后通过多跳方式路由至接入节点。最终，数据通过互联网或卫星传输到达后台系统。运维人员可以通过后台系统对传感网进行配置和管理，发布监测任务，并收集传感网中的监测数据。

传感网中采用多种类型的传感器，包括温度、局部放电、电流和振动等，以便探测监测区域中各种状态参量。无线传感网的特点在于其节点数量众多，能够自组织形成网络，通过节点之间的相互通信和协作，实现信息的收集、处理和传输，从而全面感知和监测区域内的各种对象。无线传感网结构图如图 1-2 所示。

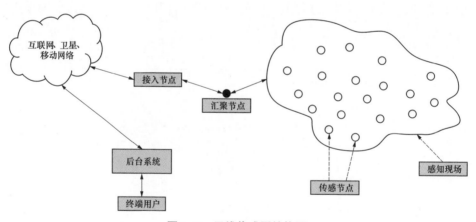

图 1-2 无线传感网结构图

1.2.3 边缘计算技术

在输变电设备物联网中，面对海量传感器接入和运算需求，可以基于统一边缘计算框架，实现数据就地计算，算法远程配置和接口标准的统一，从而提高数据处理的效率和速度，同时保障数据的安全性和隐私。边缘计算技术可以在输变电设备的感知侧实现数据处理和算法运算，从而提高数据处理的效率和速度，同时减少数据传输的网络带宽需求和相关成本，从而为设备管理和运行提供更加智能化、高效化和安全化的数据处理和管理服务。边缘计算体系各部分功能定位如图 1-3 所示。

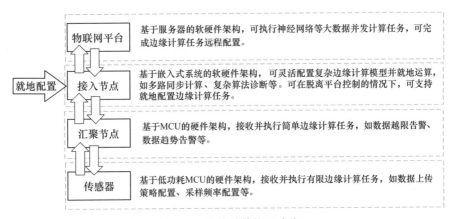

图 1-3　边缘计算体系功能

第二章

输变电设备
物联网架构

输变电设备物联网架构是建立在物联网技术基础上的系统架构，可以实现输变电设备的智能化监控，提高输变电设备的安全性、可靠性和经济性。本章将介绍输变电设备物联网架构及各层级的主要功能和内容。

2.1 输变电物联网总体架构

输变电设备物联网总体架构如图 2-1 所示，分为四个层级：感知层、网络层、平台层和应用层。输变电设备物联网通过感知层的多种类型传感器实现设备状态全面感知及数据传输；通过网络层对感知数据进行可靠传输，实现信息高效处理；在平台层，通过统一的物联管理平台汇集物联采集数据，

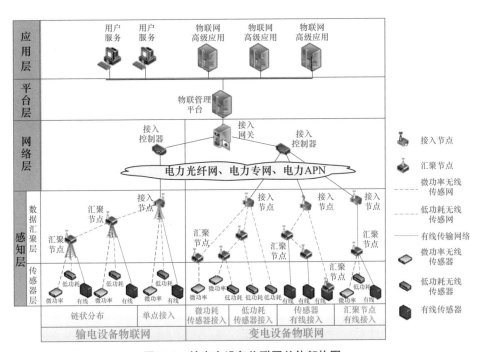

图 2-1 输变电设备物联网总体架构图

进行标准化转换后分发到数据中台；基于数据中台，通过应用层对物联网感知数据进行高级分析与应用，实现信息共享和辅助决策。

2.2　输变电物联网感知层

感知层由各类物联网传感器、网络节点组成，分为传感器层与数据汇聚层两部分，实现传感信息采集和汇聚。传感器层由各类物联网传感器组成，用于采集不同类型的设备状态量，并通过网络将数据上传至汇聚节点。物联网传感器分为微功率无线传感器（微瓦级）、低功耗无线传感器（毫瓦级）、有线传感器三类；数据汇聚层由汇聚节点、接入节点等网络节点组成，各类节点装备构成微功率/低功耗无线传感网和有线传输网络全兼容、业务场景全覆盖的传感器网络，同时搭载可软件定义的边缘计算框架，实现一定范围内传感器数据的汇聚、边缘计算与内网回传。

2.2.1　感知层传感器技术

2.2.1.1　温度传感器

温度传感器的种类很多。第一种为热电偶，结构十分简单。由于价格便宜且寿命长，因此使用范围广，它的优点在于测温范围很大，但是在高温情况下，精度有所下降。第二种为热敏电阻，它的优点在于使用方便，有很好的灵敏度，缺点在于体积较大，所占面积大，且由于存在自热现象而使功耗增加，同时其精度较差。第三种为电阻温度检测器，它在性能方面优于热敏电阻与热电偶，但缺点在于价格较高。第四种为集成温度传感器，通常由MOS 管等器件设计而成，具有体积小、精度高等优点。如图 2-2 所示，电池

（a）电池式温度传感器　　　　（b）温差取电温度传感器

图 2-2　温度传感器

式温度传感器和温差取电温度传感器在开关柜和触头等设备中的应用非常广泛。它们可以用于监测设备的工作温度，及时发现温度异常，防止设备损坏。

2.2.1.2 局部放电传感器

局部放电传感器能够发现电力设备的运行隐患，当设备发生局部放电现象时，传感器能够产生告警信号，运维人员根据该警告及时对隐患进行相应处理。同时，局部放电传感器为非接触式设备，不与放电体直接接触，不会对所监测的设备产生影响。如图 2-3 所示，依靠特高频局部放电检测系统通过接收局部放电产生的特高频电磁波，可以实现对局部放电的检测和模式识别，并对设备状况进行实时动态监测，具有极强的抗干扰能力和较高的灵敏度。

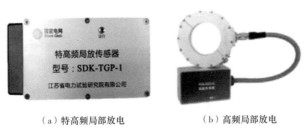

（a）特高频局部放电　　　　　（b）高频局部放电

图 2-3　局部放电传感器

2.2.1.3 电流传感器

电流传感器是一种用于测量电流的设备，它能够将电流信号转换为可测量的输出信号。对于电流传感器，按照传感器是否需要电源供电，可分为有源电流传感器及无源电流传感器。按照有源电流传感器是否能够自主采集能量以完成电源供给，又可将有源电流传感器分为非自供电式电流传感器及自供电式电流传感器。如图 2-4 所示，绝缘子泄漏电流传感器可以安装在高压

（a）绝缘子泄漏电流传感器　　　　　（b）导线电流传感器

图 2-4　电流传感器

输电线路的绝缘子上，用于监测绝缘子表面的泄漏电流；导线电流传感器可以安装在电力系统的导线或电缆上，用于监测电流的变化。

2.2.1.4 振动传感器

振动传感器又称为换能器、拾振器等，这类传感器通过收集设备的机械量，并将其转换为对应比例的电量信号进行记录和数据传输。如图 2-5 所示，无线振动传感器可以通过分析振动特征，识别变压器内部组件的异常振动，以便及早发现变压器出现的绕组短路、绝缘损坏等缺陷。

图 2-5 无线振动传感器

2.2.1.5 MEMS 传感器

微机电系统（Micro-Electro-Mechanical Systems，MEMS）传感器是利用微机械加工技术制造的一种传感器设备。目前已经成功研制出了多种 MEMS 传感器产品，如加速度计和压力传感器。

加速度计是一种用于测量物体加速度的仪器。而 MEMS 加速度计则是微型化的加速度计，相较于传统的加速度计，它的体积更小、重量更轻。根据测量原理的不同，MEMS 加速度计可以分为压阻式微加速度计和电容式微加速度计等不同类型。压阻式微加速度计和电容式微加速度计等都采用了微小的机械结构和敏感元件，能够精确地测量加速度变化。

MEMS 压力传感器采用微机械加工技术制造而成，根据敏感机理的不同，MEMS 压力传感器又可分为压阻式、电容式和谐振式等类型。此外，根据形状的不同，还可以有圆形、方形、矩形等不同形态的 MEMS 压力传感器。MEMS 加速度传感器和 MEMS 压力传感器实物如图 2-6 所示。

（a）MEMS加速度传感器　　　（b）MEMS压力传感器

图 2-6　MEMS 传感器

2.2.1.6　量子传感器

量子传感器是以量子力学为指导，以量子系统作为传感介质，利用量子效应设计的传感器件。根据不同量子体系的特点，不同类型的量子传感器对某些特定物理量具有特定的响应特性。与传统传感器相比，量子传感器具有高精度、非破坏性、实时性、高灵敏性、稳定性和多功能性等优势。

2.2.2　本地无线通信技术

在构建感知层时，选择适合的通信技术对于实现高效的数据传输和能耗管理至关重要。输变电物联网感知层的本地无线通信技术可分为低功耗无线传感网通用技术和电力专用低功耗无线传感网技术。根据具体的应用需求，选择合适的通信技术可以实现低功耗、高效的数据传输和可靠的网络连接，为输变电设备物联网的应用提供可持续的解决方案。

2.2.2.1　低功耗无线传感网通用技术

1. LoRaWAN 技术

LoRaWAN 由 LoRa 联盟发布，是一种基于开源的电信级 MAC 层协议。LoRaWAN 是一项私有技术，工作在未授权频段，使用免费的 ISM 频谱，具体频段及规范因地区而异。LoRaWAN 网络使用典型的 star-of-stars 拓扑结构。在该结构中，网关充当中继角色，在终端和服务器之间传递信息。理论上，网关对终端是透明的，网关以标准 IP 接入方式和基站相连，而终端以 CSS 调制或 FSK 方式和网关相连。LoRaWAN 支持双向通信，但上行通信占据主导地位。LoRaWAN 不支持终端到终端的直接通信，如有需要，必须通过基站或网关进行中继。

Semtech 公司在 2013 年创建了 WAN 低功耗无线感知网络技术标准，描述了一种应用于低功耗广域网的物联网体系架构，涵盖了终端节点芯片、中继器、通信协议、安全机制等各个网络通信环节，在智慧城市、智能医疗、智能家居、农业、物流业、环境保护等领域得到广泛应用。Semtech 公司在 2017 年进一步推出了节点漫游、定位等重要功能，使得物联网能够快速部署，提供多种网络服务，保证网络的安全性。

LoRaWAN 技术已经成功运用于电力通信中，比如抄表、资产跟踪及传感器数据传输。LoRaWAN 通信通过无线 CSS 调制技术实现感知层的数据传输，将数据接入网络层，并将数据上传到平台层。根据电力物联网通信网关技术要求，可以采用 LoRaWAN 通信网关实现对设备感知层信息的采集，同时能够将设备感知层信息传送到云平台层。并且，可以通过 LoRaWAN 网络开展 SF_6 泄漏监测、电力电缆温度监测、变电站智能锁具管理等多种在线监测及智能化应用。

综上所述，LoRaWAN 在电力通信中的建设部署非常简便，其前向纠错与扩频技术能够让设计的通信环境有更好的使用能力和更高的抗干扰能力，可灵活地调整功率等级，达到距离与速率的双向要求。

2. ZigBee 技术

ZigBee 是基于 IEEE802.15.4 标准的低功耗局域网协议。但 IEEE802.15.4 协议仅处理 MAC 层和物理层，在此基础上 ZigBee 联盟又重新规定了应用层、传输层和网络层，形成了如今的 ZigBee 协议。ZigBee 的技术特点是它可以支持多跳协议，形成 mesh 网络。ZigBee 技术通过规定三种设备类型（Coordinator、Relay 和 End device）实现多跳协议。ZigBee 技术的工作频段为免授权频段，即 2.4GHz（全球范围内）、868MHz（欧洲范围内）、915MHz（美国范围内）三个频段，传输距离为 10~200m。

ZigBee 联盟由英国 Invensys 公司、日本三菱电气公司、美国摩托罗拉公司、荷兰飞利浦半导体等公司组成，迄今已吸引了上百家芯片公司、无线设备公司及产品开发商。2004 年 ZigBee 联盟发布了第一个版本 ZigBee V1.0，2006 年发布了 ZigBee 2006，形成了较为完善的版本。2007 年底 ZigBee 联盟推出了 ZigBee PRO，该协议增加了轮流寻址、多对一路由功能，具有更高的安全性能，其支持的网络节点个数也更接近于商业应用。2009 年 3 月 ZigBee 联盟推出了 ZigBee RF4CE，该协议针对家电的控制，网络结构相对简单，具备更强的灵活性和远程控制能力，其协议栈的层与层之间通过服务接入点（SAP）进行通信。SAP 是某一特定层提供的服务与上层之间的接口。大多数层有两个接口：数据实体接口和管理实体接口。数据实体接口的目标是向上层提供所需的常规数据服务；管理实体接口的目标是向上层提供访问内部层参数、配置和管理数据的服务。

目前，ZigBee 被应用到电力无线感知网中，解决无线传感器组网覆盖问题。ZigBee 协议的基础是 IEEE 802.15.4，但 IEEE 802.15.4 仅处理低级 MAC 层和物理层协议，因此 ZigBee 联盟扩展了 IEEE 802.15.4，对其网络层协议和 API 进行了标准化。ZigBee 是一种新兴的短距离、低速率无线网络技术，它是一种介于无线标记技术和蓝牙之间的技术方案，它有自己的无线电标准，在数千个微小的传感器之间相互协调以实现通信。这些传感器只需要很少的能量以接力的方式通过无线电波将数据从一个传感器传到另一个传感器，所以它们的通信效率非常高。然而，ZigBee 技术最大的缺点是价格相对昂贵，其次协议占带宽的开销量对信道带宽要求较高，而这反过来会影响通信距离和环境适应性，于是只好提高发射功率，进而导致基于 ZigBee 技术的传感器功耗无法降低。目前 ZigBee 芯片出货量比较大的 TI 公司，其芯片成本为 2~3 美金，再考虑到其他外围器件和相关 2.4G 射频器件，成本难以低于 10 美金，因此如何实现低功耗灵活组网，是一个急需解决的问题。

综上所述，ZigBee 无线通信技术的技术特点包括通过多跳通信方式实现网络覆盖，同时得益于 IEEE802.15.4 物理层技术，功耗较低，适用于需要多跳传输的应用场景。

3. BLE 技术

低功耗蓝牙（Bluetooth Low Energy，BLE）是基于 IEEE802.15.1 标准的低功耗局域网协议，是蓝牙技术联盟（Bluetooth Special Interest Group，Bluetooth SIG）设计的一种个人局域网技术，适用于医疗保险、运动健身、家庭娱乐、工业控制等领域的新兴应用。相比于经典蓝牙，蓝牙低功耗利用自适应调频扩展抵抗窄带干扰问题。同时蓝牙低功耗物理层增加了 LE coded 子层，通过利用 24 位循环校验码（CRC）和前向纠错码（FEC）极大提高协议的纠错能力，借此来提升通信距离。BLE 采用星型网络架构，从机之间只能通过主机实现数据交换，从机之间不存在链路。BLE 的特点是传输速率低（每秒几百千比特）、设备入网速度快（< 10ms）、接入数量多（> 1000）和低功耗（< 10dBm）。

低功耗蓝牙主要分为三个基本模块：控制器（Controller）、主机（Host）和应用程序（Application）。控制器能够发送和接收无线电信号，并处理收发的数据信号。主机通常是一个软件栈，负责管理多台设备之间的通信以及通过无线电技术同时提供多种不同的服务。应用程序则是用户实际用例，用户通过设计蓝牙上层应用来使用低功耗蓝牙技术。控制器由同时包含数字和模拟部分的射频器件和负责收发数据包的硬件组成。控制器通过天线与外部环境相连，与主机层通过主机控制器接口相连，主要包括四部分：物理层（PHY）、链路层（LL）、直接测试模式（DTM）和主机控制器接口（HCI）层的下半部分。

蓝牙 SIG 联盟于 2010 年 7 月推出的 4.0 标准是 BLE 标准的最早源，其最重要的特性是支持省电，提出了低功耗蓝牙，传统蓝牙和高速蓝牙三种模式。低功耗蓝牙则以低速设备连接为主要特征，且在低功耗模式条件下的传输距离被提升到 100m 以上。蓝牙 SIG 联盟于 2014 年 12 月颁布最新的蓝牙 4.2 标准，改善了数据传输速度和隐私保护程度，并加入了该设备可直接通过 IPv6 和 LoWPAN 接入互联网的特性。蓝牙 SIG 联盟于 2019 年初推出标准 5.1，提供了更高的灵活性和掌控度并支持多设备连接，加入智能连接特性，可以更加智能地控制设备电量，其目的是为了让 Bluetooth Smart 技术最终成为物联网发展的核心动力。2020 年，蓝牙 5.2 标准发布，其主要特点是增强版 ATT 协议、LE 功耗控制和信号同步，连接更快，更稳定，抗干扰性更好。2021 年 7 月 13 日，蓝牙 5.3 标准对低功耗蓝牙中的周期性广播、连接更新、频道分级进行了完善，通过这些功能的完善进一步提高了低功耗蓝牙的通信效率、降低了功耗并提高了蓝牙设备的无线共存性。

综上所述，BLE 传输可靠性高，可以快速地接入，同时大幅降低了设备功耗并提高了传输距离和网络容量，适合短距离需要设备快速接入的应用场景。

2.2.2.2　电力专用低功耗无线传感网技术

1.异构无线传感器低功耗、大容量接入技术

针对电力环境的特殊需求，采用数值类和波形类两种传感器的无线接入技术。在数值类传感器接入技术中，采用对称异步通信技术和基于模糊队列均分的主动规避接入控制技术，实现单节点万级以上传感器低功耗接入，下行调度指令功耗开销在总通信功耗中占比不高于1%，整体功耗较同类技术降低40%以上；在波形类传感器接入技术中，采用基于优先级分配的自适应时隙调度技术以及大业务量数据的动态数据重构技术，实现单节点千级以上传感器接入，传输效率可以提升21.5%。

2.无线传感网动态级联覆盖技术

针对电力环境的特殊需求，采用电力无线传感网低功耗组网协议、无线传感网动态级联与故障自愈技术和同频休眠技术。其中，在无线传感网低功耗组网协议中采用网络层帧结构、网络层帧格式以及标准的网络建立和路由流程，为网络层的功能奠定基础。采用无线传感网动态级联与故障自愈技术，包含网络动态自组建技术以及自主最佳应急回传路由选取算法，实现分钟级快速自组网，失效节点下属传感装置恢复入网时间不大于2min，单网覆盖直径达到30km；采用全域节点同频休眠技术，实现全网节点设备逐跳同频协作休眠与网络能耗均衡，节点运行占空比相较于不休眠技术降低80%以上。

3.无线传感器低功耗高精度同步采集技术

针对电力场景中无线传感器对高精度同步采集的等需求，采用无线传感网高精度时间同步技术。考虑到影响无线传感网时间同步精度的因素，采用低对时负担无线传感网内生时间同步技术和时标匹配—迭代加权线性拟合方法，在不产生多余通信信令的情况下实现待同步设备的低功耗对时。实验结果表明，同节点传感器时间同步误差可以控制在1.25μs以内，跨节点传感器的时间同步误差可以控制在10μs以内。

2.3　输变电物联网网络层

网络层由电力无线专网、电力APN通道、电力光纤网等通信通道及相关

网络设备组成，为输变电设备物联网提供高可靠、高安全、高带宽的数据传输通道。

2.3.1 电力无线专网

针对无线专网技术体制，可使用 TD-LTE 无线通信技术、NB-IoT 通信技术等，下面对 TD-LTE 无线通信技术、NB-IoT 通信技术进行介绍。

2.3.1.1 TD-LTE 无线通信技术

TD-LTE 系统的标准化主要由 3GPP 组织发起并完成，并正式通过国际电信联盟 ITU 的 4G 标准认定。其网络结构主要包括无线接入网和核心网两部分。其中，接入网由 eNode B（Evolved Node B）网络组成，通过接口 X2 相互连接，通过接口 S1 与 EPC（Evolved Packet Core）连接。接入网主要负责所有与无线相关的功能，包括无线资源管理、IP 报文头压缩、安全性、与 EPC 的连接等。在网络侧，所有上述功能位于 eNode B 中，每个功能负责管理多个小区。与之前 2G/3G 移动通信系统不同，LTE 把无线控制功能移到 eNode B 中，从而使得无线接入网络中不同协议层间的交互更紧密以减少延迟和提高效率。核心网 EPC 由多个逻辑节点组成，主要负责对用户终端的全面控制和有关承载的建立。具体来说，EPC 主要由 P-GW（PDN Gateway）、S-GW（Service Gateway）、MME（Mobility Management Entity）、HSS（Home Subscriber Server）、PCRF（Policy and Charging Rules Function）等逻辑节点组成。LTE 系统分为 TD-LTE 和 FDD-LTE 两种制式，且两者网络架构相似。TD-LTE 是时分双工，通过同频率信道不同时隙并有一定间隔保护时间来进行发射和接收信号，TD-LTE 的上、下行峰值速率分别被提高到 50Mbit/s、100Mbit/s，TD-LTE 的上、下行链路频谱效率分别被提高到 2.5bit/（s·Hz）、5bit/（s·Hz），可以支持 1.4~20MHz 之间的多种系统带宽，无线网络时延很低，可达 U-plan ＜ 5ms、C-plan ＜ 100ms。包括中国移动、大唐电信、华为、中兴、诺基亚在内的国际公司联盟共同开发 TD-LTE 电信技术和标准。TD-LTE 无线网络结构通过 EPC（Evolved Packet Core）这一分组交换的核心网络在整个网络操作系统中使用，从而使长期演进和系统架构演进一起形成了科学的 EPS（Evolved Packet System）系统。

针对电力无线通信需求，国网信通产业集团开发了基于 TD-LTE 230MHz 的电力无线宽带通信系统。该系统是结合电力业务需求而定制开发的一套无线宽带通信系统，可为用电信息采集、负荷控制等业务的远程通信提供无线通信信道，满足智能电网发展的要求。TD-LTE 230MHz 电力无线宽带通信系统将电力已有的 230MHz 频段离散频谱与先进的第四代（4G）移动通信技术（TD-LTE）结合，通过采用离散频谱聚合、频谱感知等技术，大幅提高了无线频谱资源（230MHz 频段）的使用效率，在窄带频谱上实现宽带数据传输，为用电信息采集提供无线宽带通信信道。TD-LTE 230MHz 的电力无线宽带通信系统基于 TD-LTE 公网架构，在频谱特点上针对电力自有频段进行了定制化修改。但是，由于其基于 TD-LTE 网架的特点，使其在面向广覆盖、海量连接、低成本、超低功耗的物联网信息化应用方面还存在先天的缺陷。

TD-LTE 无线通信技术具备高数据速率、高传输可靠性和低延迟的技术优势，适用于高清图片等大数据量传输场景。

2.3.1.2　NB-IoT 通信技术

NB-IoT（Narrow Band Internet of Things）是构建于蜂窝无线网络的窄带通信网，是基于 GSM/WCDMA/LTE 等技术的演进。NB-IoT 网络可采取带内部署、保护带部署或独立部署三种部署方式，与现有网络共存，可直接在现有的 GSM 网络、UMTS 网络或 4G 网络上进行部署，实现网络平滑升级。NB-IoT 利用其广覆盖、大连接、低成本、低功耗等特点，主要应用在低功耗广覆盖的物联网场景。为了满足现在移动通信网络中的大规模物联网应用需求，NB-IoT 核心网能支持大容量的且具备极低功耗的终端，还支持 180kHz 的窄带无线接入和信号覆盖增强技术，并裁减了 LTE 核心网的部分功能，比如紧急呼叫服务，建立专用承载等功能。具体来说，NB-IoT 网络覆盖增强比 LTE 高 20dB（100 倍），解决了之前无线信号无法到达偏远地区的难题。NB-IoT 主要通过节电模式（PSM）和增强的不连续接收（eDRX）等机制使用户终端长时间待机，以达到节电的效果。NB-IoT 蜂窝站点可以接纳 5 万个设备终端，和 4G 通信系统相比，系统容量增加了十倍以上。低数据传输速率、低功耗和低带宽，降低了设备结构的复杂性，有利于降低制造成本。同时，通信运营商可以将 NB-IoT 直接部署到现有的 lte-a 网络甚至未来的 5G 网络中，从而降低了前期的安置成本。

将 NB-IoT 通信技术应用于智能电网时，结合 NB-IoT 技术的特性，然后分析输电业务模型。通常来说输电业务是以自主周期性上报为主，除了图像 / 视频监测业务对速率要求较高外，其他业务对速率要求低，且对时延低敏感，待机时间较长。所以，除图像 / 视频监测业务之外，NB-IoT 技术适合承载输电业务中的其他监测业务。另外，依据用电业务的建模分析，用电环节的电力通信业务对实时性的要求都较低，考虑到 NB-IoT 技术低峰值速率与对时延低敏感的技术特性，NB-IoT 技术对于承载用电信息查询与发布业务，以及多渠道缴费业务较为合适。

NB-IoT 无线通信技术具备低功耗、可接入海量设备的优点，由于运营商架设的核心网带来了高传输可靠性，适用于需要大量设备接入且对传输可靠性要求较高的使用场景。

2.3.2　电力 APN 通道

APN 全称为接入点名称（Access Point Name），是通信运营商为安全级别要求较高且具有特殊网络安全需求的用户提供的专线接入服务，可以确保数据传输的安全性。

APN 可以实现物联网流量的定向传输，将各末端采集数据传输到指定的 IP 地址，并在一定程度上实现数据的安全隔离。APN 定向卡保证了各节点具有固定 IP 地址，并可以通过运营商移动通信网和汇聚点进行通信，从而形成星型网络。在移动通信网络中，可以通过 GRE 隧道、L2TP 隧道和 IPsec 隧道方式进行数据传输，这些方式具有多样性。此外，输变电设备物联网 APN 技术基于运营商移动通信网的隧道传输方式实现，基本不受节点位置影响，并且组网实施容易且成本低廉。

2.3.3　电力光纤网

电力光纤通信网络规划设计中存在多种可选的拓扑结构，如星型、环型、总线型和树型等。这些拓扑结构可以帮助将通信分配到计算机中，并实时掌握电力光纤等传输媒介与工作站之间的配置和连接情况，从而在电力系统运行过程中提供支持。对于省级三级电力光纤网络，作为承载多种不同业务的电网运行网络，其站点分布范围广，站点间连接复杂。为了更好地对电力光纤网络进行分区管理，可以对网络的薄弱部分进行改进和保护，并建立相应的电力光纤网络模型。

2.4 输变电物联网平台层

2.4.1 平台层功能

平台层的功能是基于统一的物联管理平台实现物联网各类传感器及网络节点装备的管理、协调与监控，对物联网边缘计算算法进行远程配置，实现多源异构物联网数据的开放式接入和海量数据存储。

物联管理平台具备千万级设备连接并发管理能力，并且能对部署在边缘物联代理上的 App 进行下发、部署、启停、卸载等全生命周期的管理，实现各设备模型统一定义，对采集数据进行汇集及标准化处理，为企业中台或业务系统提供标准化接口服务。物联管理平台功能架构设计如图 2-7 所示。

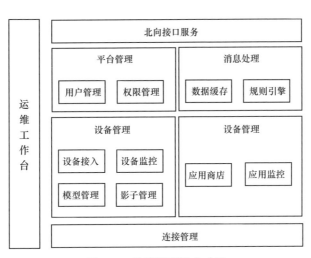

图 2-7 物联管理平台功能

设备管理提供与设备相关的管理与控制能力，主要包括设备接入、模型管理、设备影子管理、设备运行状态监控以及对设备的统一远程运维能力。

应用管理提供边缘 App 应用管理能力，对接国网应用商店，完成应用的上架、批量下载、安装、升级，对应用运行状态进行统一监控和管理。连接管理具备动态扩展能力，支持边缘代理或智能设备通过云边交互规范统一接入物联管理平台，实现千万级连接的管理与动态负载均衡。消息处理包括规则引擎和数据缓存，其中规则引擎完成规则配置、规则实时执行和数据分发的功能，数据缓存完成短期内采集数据的存储。北向接口服务为企业中台和业务系统提供统一的数据访问接口，实现灵活的数据交互。平台管理具备对接国网信息化系统标准 ISC 组件的能力，支持国网统一权限管理和用户管理。运维工作台提供统一监控管理界面，用于集中展示后端微服务、现场设备和边缘 App 运行状态。

2.4.2 平台层技术架构

平台层由数据存储引擎、数据处理引擎和地图引擎组成，负责数据清洗、数据存储和数据处理等工作，为上层各类应用提供计算和存储支撑。

传统物联网数据存储和处理写入性能低下，水平扩展性较差，传统数据处理主要依赖于关系型数据库擅长于 OLTP 的计算手段，但是对海量数据的 OLAP 分析场景显得无能为力。针对这些传统问题，同时为了提高平台层的扩展性，如图 2-8 所示，将平台层的存储模块和处理模块进行解耦，存储模块针对不同的应用场景引入了不同的存储产品。处理引擎则采用了 Hive、Spark

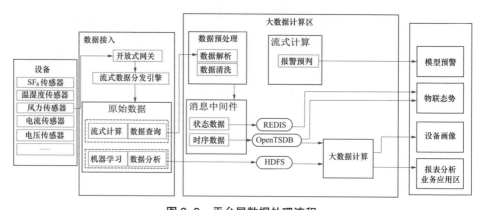

图 2-8 平台层数据处理流程

等分布式计算框架，计算资源统一由 Yarn 来管理，满足用户流式计算、报表生成和数据挖掘的需求。

2.4.2.1　数据存储引擎

针对物联网系统数据量大、查询速度要求高、数据使用场景复杂的情况，平台结合各类应用场景综合使用了多种分布式存储引擎，包含分布式存储引擎 Hdfs、HBase，以及分布式关系型数据库集群 Greenplum、分布式内存数据库 Redis、分布式文档数据库 MongoDB。

Hdfs 适合于非结构化数据的存储，具有高容错性、适合批处理、超大数据存储等优势，系统中主要用于存储辅控设备产生的烟雾监测、入侵检测视频数据，压缩后的传感器的原始记录主要用于后期离线分析。

基于 HBase 的 OpenTSDB 时序数据库具有良好的扩展性，可以支撑每秒百万级的数据写入，通过压缩技术降低存储成本以支撑平台海量传感器数据的存储需求。同时可以很好地支持对海量物联网传感器历史数据进行查询或聚合查询，如 avg、max、min、first、last 等。

Greenplum 基于 PostgreSQL 数据库的分布式存储方案以及并行查询策略保证了数据的容错性和查询效率，用于存储系统中的传感器基础数据、字典数据和数据分析的结果。同时 PostGis 扩展组件支撑了系统中 POI、路网、电网专题数据等附带空间位置属性的数据存储和应用。

Redis 是基于内存的 KV 数据库，读写性能优异，支持分布式部署，同时也支持数据持久化，通常用来缓存需要频繁更新和访问的数据，系统中主要用于存储传感器的状态缓存数据。

MongoDB 是新型的文档数据库，具有查询效率高、分布式和支持事务操作等特点，在互联网文档存储、管理和查询方面具有独特的优势，在系统中用来存储 GIS 地图展示服务需要用到的海量切片数据。

2.4.2.2　数据处理引擎

数据处理引擎处理流程包括数据分析、流式计算和机器学习三个模块，数据处理引擎具有任意分析维度组合、支持外部数据关联、支持用户自定义算法模型等特点，支撑了系统中模型预警、报表展现、设备画像和自研算法试验场等应用。其中，数据源包含了传感器数据源和外部接入数据源，数据通过流式数据分发引擎向 kafka 进行消息发布，最后按照消息订阅的方式分发给数据处理引擎。

2.4.2.3　地图引擎

通过集成现有地理信息引擎与掌握的最新地理信息技术，形成自主化地理信息平台，主要包括基础地理数据服务引擎、专题数据服务引擎、空间分析引擎、电子沙盘交互展现引擎。

2.5　输变电物联网应用层

应用层用于数据高级分析应用以及支撑运检业务管理。针对传感数据类型繁杂、诊断算法多样化等需求，部署开放式算法扩展坞，建立统一算法容器及 I/O 接口，利用大数据、人工智能等技术，实现算法模块标准化调用，为电网运检智能化分析管控系统以及 PMS 等其他生产管理系统提供业务数据和算法能力支撑。

从整体来看，物联网平台应用具有开放性、可用性、扩展性、可维护性等特点，基于这些特点，电力物联网综合管理系统的应用层架构逐步完善。如图 2-9 所示，Web 服务层基于 Nodejs 的非阻塞 I/O 和事件驱动机制构建高性能 Web 服务，结合 Nginx 反向代理、负载均衡策略，提高系统扩展性及系统并发量。应用服务层采用基于 spring boot 的微服务架构结合使用 Docker 容器，提升系统稳定性及系统扩展性，降低系统运维成本。相较于传统基于 Apache 服务器的技术架构，该架构具有更高的并发量、更强的扩展性。

应用层通过对设备自身及外在环境的全面综合监视，全面感知输变电设备的运行状态；通过在线的安全分析及风险评估，对输变电设备运行风险进行提前预警；通过故障智能诊断，对输变电设备进行智能告警，从而实现设备状态监视、环境监视、异常预警、智能诊断、状态评估等功能。

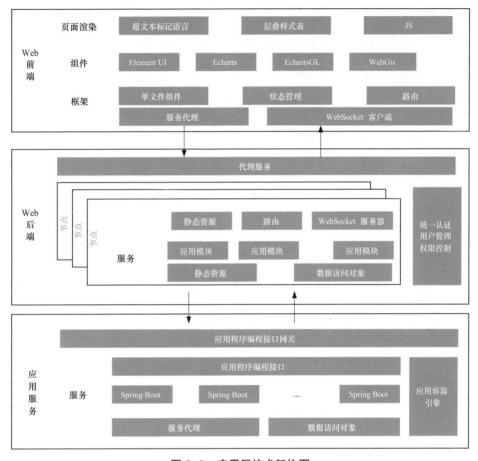

图 2-9　应用层技术架构图

第三章

传感器技术
及设备

近年来，物联网、高精度感知、低功耗等技术蓬勃发展、互相促进，大量物联网传感器用于输变电设备状态监测领域，实现了输变电场景传感器的便捷部署、广泛互联，提升了状态监测的广泛性和可靠性。一方面，广泛分布的传感器，可以获取大量设备运行过程中难以通过巡视观测的状态参量，实现对设备状态的准确评估；另一方面，传感器的监测相对人工巡视有更强的实时性，可实现设备缺陷的快速感知。本章从输变电设备物联网传感器特征及组成入手，重点讲解物联网传感器低功耗、自取能技术和 MEMS、量子传感等前沿技术，最后介绍几类物联网传感器技术应用案例。

3.1 输变电设备物联网传感器特征及组成

3.1.1 输变电设备物联网传感器特征

MEMS、低功耗无线通信、微源自取能等技术使得传感器方便、广泛部署成为可能。输变电设备物联网传感器相比传统在线监测装置呈现出无源化、无线化、低功耗和小型化的特征，硬件架构也随之发生改变。这些既是技术进步的结果，也是输变电设备状态监测的客观需求。

1. 无源化

传感器内的 MCU（Micro Controller Unit）、采集、数模转换、通信单元等模块工作需要电能支持，长期以来，传感器的部署受到了供电条件的限制。一方面，在开关柜内梅花触头、输电线路线夹螺母等高电位、狭小空间的区域既无法有线供电，又难以安装足够容量的电池；另一方面，变电站、输电线路等场景中电源数量有限，无法满足大量传感器的供电需求。此时，无源化成为传感器大规模部署的必然需求。磁场、电场、振动等微源自取能装置可以从环境中汲取能量，转化为可利用的电能并支持传感器工作，使传感器安装位置摆脱了电源线和电池的束缚。与此同时，若场源条件稳定，环境能量的获取是不间断的，其理论续航时间为无限长，从而实现了传感器电量的免维护。目前，无源化的传感器已在电力设备接触式测温、负荷电流监测等场景大规模应用。

2. 无线化

传感器需要与上级系统保持通信，接收上级指令，同时将感知数据上传。传统在线监测装置多采用有线通信方案，即基于 RS495、RJ 等数据接口，通过线缆与上级系统保持通信。这种通信方式具有可靠性强的优势，但其无法解决传感器在高电位部署的问题。同时，大量通信线缆的部署对现场汇控柜、电缆沟的承载力以及施工的安全性造成很大压力，特别对于老变电站改造工程，现场往往不具备足够的汇控柜和电缆沟容量，施工过程的不规范更会破坏已有线缆。随着 LoRa、Zigbee、BLE 等低功耗无线通信技术的发展，无线通信的经济性、可靠性不断提高，无线通信的传感器越来越受到电力行业的青睐。通过部署无线传感器、无线节点设备即可实现传感器与上级系统的可靠通信，相对于有线通信方式，降低了施工的成本和风险。在高电位设备状态感知场景，无线通信更是唯一的选择。

3. 低功耗

电源线的取消在方便传感器部署的同时也对传感器功耗提出了较为严格的要求。目前输变电设备物联网传感器多采用电池或微源自取能方式供电，对于电池供电传感器，由于电池容量有限，传感器功耗直接影响到续航时间；对于微源自取能传感器，由于取能功率有限，传感器功耗无法大于取能功耗。随着物联网技术的进步，传感器低功耗设计逐渐成熟，市面上出现了大量低功耗感知、采集、转换、通信模组及各类低功耗元器件。结合合理的功率控制和休眠策略，目前的传感器功耗可以达到毫瓦级以下，甚至微瓦级。

4. 小型化

随着大规模集成电路和片上系统（SoC）技术的发展，传感器集成化水平越来越高，感知、采集、处理、通信等模块得以高度一体化集成。与此同时，电源线、电池的取消也使得传感器的体积进一步缩小。传感器的小型化，一方面可以使传感器部署于更小的空间内；另一方面也间接降低了传感器的用料成本。以接触式温度传感器为例，整个传感器尺寸低于 2.5cm × 2.5cm × 1cm，满足了高电位狭小空间测点温度感知的需求。

3.1.2 输变电设备物联网传感器组成

输变电设备物联网传感器是指基于物联网（Internet of Things，IoT）技术，用于输电和变电设备及环境参量感知、分析、发送的设备。在输变电场景，物联网传感器的主要功能是感知电流、电压、温度、湿度、振动、组分等设备运行状态或环境数据，并将这些数据传输到数据中心或云端服务器进行分析和处理，进而实现设备运行可靠性评估、运行状态优化及运行效率提升。

由于具体应用场景不同，输变电设备物联网传感器的组成略有差异，但通常包括以下几个核心模块，如图 3-1 所示。

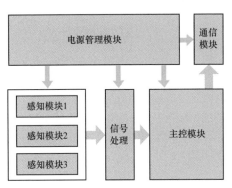

图 3-1 输变电设备物联网传感器的架构

（1）感知模块。感知模块负责将物理量转换为电信号，并由信号处理模块进行采集，感知模块可以是无源器件也可以是有源器件。

（2）信号处理模块。信号处理模块负责调理、采集感知模块信号并将采集到的信号进行处理和分析，包括滤波、放大、线性化等操作，以确保数据质量和准确性。信号处理模块可能包含模拟电路、数字信号处理器等组件。

（3）主控模块。主控模块同时具备数据处理及协调控制功能。在数据处理方面，能应用特定的算法和方法进行数据分析、特征提取和决策，以提取有用的信息和实现智能化功能；在协调控制方面，可管理各个模块的工作、控制数据流和实施决策，同时可提供外部接口，以接收命令和配置传感器的工作模式。

（4）通信模块。通信模块负责传感器与其他设备或系统之间的数据交互和通信，包括各种通信接口和协议。物联网传感器的通信采用无线方式，以实现与云平台、物联网系统或其他设备的连接。

（5）电源管理模块。电源管理模块负责传感器的供电和能量管理。它可以包括电源管理芯片、电池管理电路或能量收集技术，以确保传感器的稳定运行和节能优化。

以上模块共同组成了输变电设备物联网传感器的基本框架，实现了数据感知、信号处理、数据分析、通信和控制等功能。这些模块的设计和集成方式取决于特定的应用场景和需求，以满足输变电设备物联网传感器在各种设备及应用领域中的要求。

3.2　低功耗技术

3.2.1　低功耗运行策略

3.2.1.1　休眠机制

对于不需要持续感知的传感器采用合理的休眠机制是降低功耗的主要方式。结合传感器感知业务需求，工作模式分为以下三种：

1.固定周期模式

固定周期模式下，传感器会以等间隔的时间进行数据采样，并按照预设的固定周期由通信模块对外发送数据。如图 3-2 中的 $T_1 \sim T_3$ 时间段的工作模式就属于固定周期模式。无论环境条件如何变化，传感器都会按照事先设定的时间间隔进行数据采集。

这种模式适用于工作环境相对稳定且对实时性要求不太高的场景。假设有一个传感器节点用于监测避雷器泄漏电流。在固定周期模式下，传感器可以按照固定的时间间隔（如每 5min）进行电流采集，并将数据发送到上级系统。在电力系统稳定运行的情况下，泄漏电流的变化较为平稳，不会出现剧烈的波动。此时，传感器可以以固定的时间间隔进行电流采集，以获取电力系统的稳定参数。通过固定周期模式，传感器能够在稳定环境下进行可靠的电流监测，并提供对电力系统状态的长期观察。这样的应用可以帮助运维人员了解电流的趋势和变化，及时发现异常情况，并进行相应的调整和维护。

固定周期模式非常适用于对数据变化不敏感或数据变化缓慢的应用场景。然而需要注意的是，固定周期模式可能无法满足实时性要求较高或对快速变化的环境进行监测的场景，因为它无法根据环境的变化进行动态调整。

2. 渐变调整模式

渐变调整模式下，传感器休眠周期能够自动跟随状态量的变化。当环境中的数据发生异常时，传感器会自动缩短休眠周期以更频繁地采集数据，如图 3-2 中 $T_4 \sim T_5$ 时间段。

渐变调整模式适用于环境条件变化较大或需要动态调整休眠周期的场景。以一个监测变压器温度的传感器为例，在固定周期模式下，传感器可能以固定的时间间隔（如每 10min）进行温度采集，并将数据发送到上级系统。然而在实际情况下，电力变压器的温度可能会随着负载变化、环境温度波动以及其他因素的影响而发生较大的变化。在这种情况下，采用渐变调整模式的传感器可以根据温度的变化趋势和变化速率，动态调整休眠周期。当电力变压器温度变化较缓慢时，传感器可以采用较长的休眠周期，例如每 30min 结束休眠进行一次采样。这样可以降低能耗并减少数据的传输和处理压力。然而，如果电力变压器温度发生突然变化或超过预设的阈值，传感器会自动缩短休眠周期，例如每 1min 结束休眠进行一次采样。这样可以及时捕捉到异常温度变化，并向运维人员发送警报，以便他们能够及时采取措施。这种应用可以监测电力系统的健康状况、提前预警潜在故障，并采取相应的维护和管理措施，从而提高输变电设备的可靠性和安全性。

通过渐变调整模式，传感器能够在环境条件变化较大的情况下灵活地调整休眠周期，以确保数据的准确性和实时性。这种模式非常适用于需要对环境动态变化进行监测和分析的应用场景。然而需要注意的是，渐变调整模式可能需要通过更复杂的算法和计算资源来实现，并且对传感器的设计和性能要求也更高。

3. 突发应急模式

突发应急模式用于处理数据突变的情况，例如线路温度急剧升高。在这种模式下，传感器会立即以最短休眠周期运行，并及时上报采集到的数据，如图 3-2 中 T_6-T_7 时间段。其目的是为了及时捕捉关键信息或快速响应紧急事件。

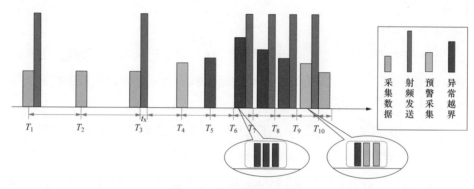

图 3-2　传感模块工作模式

以一个监测输电线路电流的传感器为例，在正常情况下，传感器以固定的时间间隔（如每 10min）结束休眠进行电流采集，并将数据发送到云平台进行分析和存储。然而有时候可能会发生突发事件，例如输电线路发生故障或短路，导致电流急剧升高。在这种情况下，传感器可以自动切换到突发应急模式。在突发应急模式下，传感器会立即以最短休眠周期运行，并以最小的时间间隔结束休眠并进行电流数据的采集。这样可以确保捕捉到电流的突变和极端值，以便及时发现和响应紧急情况。同时，传感器会立即将采集到的电流数据通过网络或其他通信方式上报给相关的监测系统或运维人员。运维人员可以快速获得异常电流的信息，并迅速采取必要的措施来维护和修复输电线路，以避免发生进一步的事故。

通过突发应急模式，智能传感器能够在数据发生突变时快速响应，确保关键信息的及时捕捉和传输。这种模式在应对紧急事件、避免事故发生或最大程度减少损失方面具有重要作用。然而需要注意的是，突发应急模式可能会消耗更多的能源和计算资源，因此在设计和使用时需要综合考虑能源消耗、性能要求和系统可靠性等因素。

3.2.1.2 双处理器机制

双处理器机制下，传感器使用两个处理器互补运行来实现高效能耗的管理。其中一个处理器被称为主处理器，负责处理高功耗任务，例如数据处理和通信；而另一个处理器则被称为协处理器，它通常被用于执行长时间、低功耗任务，并在需要的时候唤醒主处理器。在这种双处理器机制中，主处理器可以在低性能需求时休眠以降低功耗，并将任务转移给协处理器。这样系统可以在执行较为简单的任务时使用协处理器，而在执行更复杂的任务时使用主处理器。此外，双处理器机制还可以采用动态电压调节（DVC）技术，根据处理器的负载情况调整电压和时钟频率，以进一步降低功耗和能耗。

在电力管理系统中，双处理器机制可以用于监测和控制电力供应，例如在智能电能表中使用。智能电能表通常需要定期读取电能表数据并将其发送到服务器以供分析和记录。在这种情况下，主处理器将负责读取和处理电能表数据，而协处理器则负责数据记录和通信任务。通过这种方式，电能表可以实现高效的数据处理和通信，并且使能耗最小化。

3.2.1.3 多工况设计

传感器不同工况的性能需求不同，可以通过区分不同工况，在低性能需求工况下关闭部分功能以实现低功耗设计。目前，市面上已出现了支持多工况设计的处理器，下面以意法半导体（STMicroelectronics）公司的 STM32L051（见图 3-3）为例进行介绍，其不同工况如下：

图 3-3 STM32L051

（1）运行模式。在运行模式下，STM32L051 的主时钟（HCLK）和系统时钟（SYSCLK）正常工作，芯片可以执行各种指令和操作。此时功耗较高，适用于需要高性能的应用场景。

（2）睡眠模式。在睡眠模式下，STM32L051 的主时钟和系统时钟停止工作，但低速外设和 RTC 等模块仍然可以正常工作。此时功耗较低，适用于需要长时间待机和周期性唤醒的应用场景。

（3）低功耗模式。在低功耗模式下，STM32L051 的主时钟和系统时钟正常工作，芯片可以执行各种指令和操作，但是 CPU 运行的频率较低。此时芯片的功耗较低，可以延长电池寿命。低功耗模式主要适用于对性能和功耗要求相对平衡的应用场景。

（4）低功耗睡眠模式。在低功耗睡眠模式下，STM32L051 的主时钟和系统时钟停止工作，但是芯片仍然可以响应外部事件唤醒，CPU 可以在最低功耗模式下运行。此时芯片的功耗非常低，可以极大地延长电池寿命。低功耗睡眠模式主要适用于需要长时间待机和周期性唤醒的应用场景。

（5）停止模式。在停止模式下，STM32L051 的主时钟和系统时钟停止工作，所有外设和模块都被关闭，但 RTC 仍然可以正常工作。此时功耗非常低，适用于需要极低功耗和长时间待机的应用场景。

（6）待机模式。在待机模式下，STM32L051 的所有模块和外设都被关闭，只有 RTC 的低功耗振荡器仍然工作。此时功耗非常低，适用于需要极低功耗和长时间待机的应用场景，并且唯一的唤醒方式是外部复位或 WKUP 引脚的触发。

STM32L051 芯片各运行模式下工作参数如表 3-1 所示。

表 3-1 　　　　　　　　　STM32L051 低功耗参数表

状态模式	运行模式	睡眠模式	低功耗模式	低功耗睡眠模式	停止模式	待机模式
CPU 内核	工作	停止	工作	停止	停止	停止
周边外设	工作	工作	部分工作	部分工作	少部分工作	少部分工作
工作频率	32MHz	16MHz	131kHz	32kHz	—	—

续表

状态模式	运行模式	睡眠模式	低功耗模式	低功耗睡眠模式	停止模式	待机模式
SRAM	工作	工作	工作	工作	工作	停止
FLASH	可工作	可工作	可工作	可工作	停止	停止
寄存器值	—	保持	—	工作	保持	丢失
电压调节器	正常	正常	低功耗模式	低功耗模式	低功耗模式	低功耗模式
唤醒方法	—	所有中断/事件	除 12C 以外的中断/事件	除 12C 以外的中断/事件	EXTI，USART，I2C LPUART，LPTIMER，RTC	NRST PIN，IWDG，WKUP PIN，RTC
唤醒时间	—	0.36μs	3μs	32μs	3.5μs	50μs
工作电流	6.3mA	1mA	8μA	4.5μA	1μA（0.4μA No RTC）	0.85μA（0.29μA No RTC）

STM32L051 的不同工况提供了多种功耗和性能的平衡方式，可以满足不同应用场景的需求。选择适合的工作模式需要根据具体的应用需求和设计要求来决定。

3.2.2　低功耗器件选型

3.2.2.1　低功耗 MCU

MCU 功耗通常占传感器总功耗的 20% 左右，选用低功耗 MCU 对总功耗的降低至关重要。常见的低功耗器件有 STM32L051、STM8L151、EFM32ZG、MSP430 等。

STM32L051：该芯片是意法半导体（STMicroelectronics）公司推出的 32 位 ARM Cortex-M0+ 内核微控制器，具有低功耗、高性能、通用性和易用性的特点，适用于需要长时间运行的低功耗应用。

STM8L151：该芯片是意法半导体（STMicroelectronics）公司推出的 8 位微控制器，采用了 STM8 内核架构，并具有低功耗、高性能和易用性等特点，适用于需要长时间运行的低功耗应用。

EFM32ZG：该芯片是思佳讯（Silicon Labs）公司推出的 32 位 ARM Cortex–M0 内核微控制器，具有低功耗、高性能、易用性和低成本等特点，适用于需要长时间运行的低功耗应用。

MSP430：该芯片是德州仪器（Texas Instruments）公司推出的 16 位微控制器，采用了 MSP 内核架构，并具有低功耗、高性能、易用性和低成本等特点，适用于需要长时间运行的低功耗应用。

各芯片的基础数据如表 3–2 所示。

表 3–2 低功耗器件参数表

关键参数	STM32L051	STM8L151	EFM32ZG	MSP430
最大主频（MHz）	32	16	24	1
工作模式功耗（mA）	6.3	1.9	2.76	0.28
睡眠模式功耗（μA）	4.5	2.35	0.5	1.6
休眠模式功耗（μA）	0.29	0.35	0.02	0.1

3.2.2.2 低功耗通信模组

通信功耗占到物联网传感器功耗的 20%~80%，选用低功耗通信模组是低功耗设计的必要环节。相比传统的通信模组，低功耗通信模组具有功耗低、传输距离远、通信稳定等优势，可以满足物联网设备对低功耗、长寿命和高可靠性的要求。低功耗通信模组通常采用 NB–IoT、Zigbee、LoRa 等通信协议，能够在低功耗模式下实现长距离传输和高可靠性的数据通信。根据芯片功能来划分，低功耗通信模组分为 SoC 和单一射频功能模组两种技术路线。

1. SoC

SoC（System on a Chip）是一种将多个电子元件和功能集成在一个芯片上的技术，因 SoC 芯片具备较强的分析和存储能力，所以采用 SoC 芯片可以取消 MCU，实现更高的集成度。但是，SoC 芯片在具备功能全面性的同时，可能存在传感器不需要的冗余功能，更高的集成度并不意味着可以实现更低的功耗，这点在选型过程中要格外注意。

BL8558 和 BL8064 都是宝龙微电子有限公司生产的低功耗蓝牙 SoC 芯片，

它们均集成了蓝牙 5.0 协议栈和多种接口，适用于各种物联网和智能设备的
开发。低功耗蓝牙 SoC 芯片参数表见表 3–3。

表 3–3　　　　　　　　　　低功耗蓝牙 SoC 芯片参数表

型号	最大输出电流	静态功耗
BL8558	300mA	75μA
BL8064	200mA	1μA

　　BL8558 是一款高度集成的低功耗蓝牙 SoC 芯片，采用 ARM Cortex–M4 内
核，并集成了蓝牙 5.0 协议栈、32 位硬件加速器、128KB 闪存和 20KB RAM
等功能。该芯片支持 BLE 和 2.4GHz 射频通信，并具有丰富的接口，如 SPI、
I2C、UART、ADC 等。此外，BL8558 还支持多种低功耗模式，如睡眠模式、
待机模式和功率调节模式等，以实现更低的功耗和更长的续航时间。

　　BL8064 是一款低功耗蓝牙 SoC 芯片，采用 ARM Cortex–M0 内核，并集
成了蓝牙 5.0 协议栈、32 位硬件加速器、64KB 闪存和 16KB RAM 等功能。该
芯片支持 BLE 和 2.4GHz 射频通信，并具有 SPI、I2C、UART、ADC 等多种
接口。与 BL8558 相比，BL8064 的主要区别在于处理器性能和存储容量方面，
因此适用于一些对处理器性能和存储容量要求相对较低的应用场景。

　　总的来说，BL8558 和 BL8064 都是创芯微电子公司的低功耗蓝牙 SoC 芯
片，具有蓝牙 5.0 协议栈和多种接口等特点，适用于各种物联网和智能设备的
开发。选择哪一款芯片需要根据具体的应用需求和设计要求来决定。

　　2. 单一射频功能模组

　　单一射频功能模组相对于 SoC 芯片更加轻量化，功能上仅满足通信功能，
需要搭配 MCU 使用。虽然相对 SoC 芯片集成度较低，但在对计算性能不高的
应用场景，可以达到更低的功耗。下面以上海遨有公司的 TCM–L01B 通信模
组为例进行介绍。

　　TCM–L01B 是针对电力行业推出的超低功耗通信模组系列产品。SHAY–
TCM–L01B 是基于 470MHzLoRa 的通信模组，具有超低待机功耗，休眠工作
电流小于 2.0μA。模组支持标准低功耗协议的工作模式，支持 LoRa/GFSK 调

制方式，可实现串口到标准协议的数据互转。模组尺寸小巧，易于焊装在硬件单板电路上。TCM-L01B 通信模组参数表见表 3-4。

表 3-4   TCM-L01B 通信模组参数表

参数	符号	最小值	最大值	单位
供电电压	Vcc	2.4	3.6	V
电源最大波纹	Vrpp	0	50	mVpp
输入信号电压	Vin	−0.5	Vcc+0.2	V
存储温度	Tstg	−40	85	℃

TCM-L01B 超低功耗通信模组可以通过以下三种方式控制终端系统工作与睡眠模式的切换：

（1）AT 指令控制。通过发送 AT 指令，可以实现模组的各种控制和配置。例如，通过 AT+CSCLK 指令可以设置模组的睡眠模式和唤醒方式，从而实现功耗的管理和优化。

（2）GPIO 控制。通过 GPIO 接口，可以控制终端系统的工作和睡眠模式的切换。例如，当某个条件满足时，可以通过 GPIO 接口将终端系统切换到睡眠模式，从而实现功耗的降低。

（3）软件控制。通过软件程序控制，可以实现终端系统工作和睡眠模式的切换。例如，在终端系统空闲时，可以通过软件程序将终端系统切换到睡眠模式，从而实现功耗的降低。

3.2.2.3   低功耗电源管理芯片

低功耗电源管理芯片能够帮助电子设备在保持高效性能的同时，尽可能地降低功耗，以达到最佳的节能效果。因此，在电子设计中，低功耗电源管理芯片已经成为不可或缺的一部分。以下介绍 WD1050C08 和 WD1021 两款稳压器件，其参数如表 3-5 所示。

WD1050C08 是威达电子（Weltrend）推出的稳压器件，具有 1.8~5.5V 的输入电压范围和 0.8~5.5V 的可调输出电压范围。该芯片采用 CMOS 工艺制造，具有低静态电流、低噪声和低压差等特点，适用于各种低功耗和电池供电的应用场景。此外，WD1050C08 还具有短路保护、过热保护和过电流保护等多种保护功能，以保证系统的安全可靠性。

WD1021 是威达电子推出的稳压器件，具有 2.5~6V 的输入电压范围和 1.22~5V 的可调输出电压范围。该芯片采用 CMOS 工艺制造，具有低静态电流、低噪声和低压差等特点，适用于各种低功耗和电池供电的应用场景。此外，WD1021 还具有短路保护、过热保护和过电流保护等多种保护功能，以保证系统的安全可靠性。

表 3-5　　　　　　　　　稳压器件参数表

型号	最大输出电流（mA）	静态功耗（μA）
WD1050C08	750	70
WD1021	600	0.36

总的来说，WD1050C08 和 WD1021 都是威达电子推出的稳压器件，具有低静态电流、低噪声、低压差和多种保护功能等特点，适用于各种低功耗和电池供电的应用场景。选择哪一款器件需要根据具体的输入输出电压范围、功耗和保护功能等要求来决定。

3.2.2.4　功放器件

功放器件是广泛应用于各种电子设备中的重要器件，其主要功能是将低电平信号放大到更高的电平，以便驱动其他电路或外设。在低功耗设备设计中，选择合适的功放器件至关重要，因为功放器件的功耗和效率直接影响到整个系统的能耗和性能。下面介绍一些低功耗器件选型中的功放器件。

LMV321 是微芯科技（Microchip Technology）的一款超低功耗的运放，适用于单电源和双电源供电选项的便携式和低功耗应用。它具有低噪声、低失调和高输入阻抗等特点，可以用于电池供电的便携式仪器、传感器接口和音频放大等应用。

LMV358 是德州仪器（Texas Instruments）的一款低功耗的运放，具有高增益和带宽，适用于传感器信号调节和滤波等应用。它的输入偏置电流和失调电压都很低，可以保证信号放大的准确性和稳定性。此外，LMV358 还具有广泛的单电源和双电源工作电压范围，适用于不同的应用场合。

LMP7715是德州仪器的一款高精度、超低功耗的运放，适用于电源受限和电池供电应用。它具有极低的输入偏置电流、失调电压和噪声，可以实现高精度的信号放大和滤波。此外，LMP7715还具有广泛的单电源和双电源工作电压范围以及低功耗的特点，适用于需要长时间运行的电池供电应用。

它们的相关参数如表3-6所示。

表3-6　　　　　　　　　　功放器件参数

型号	LMV321	LMV358	LMP7715
类型	单运算放大器	双运算放大器	高精度运算放大器
工作电压范围	2.7~5.5V	2.7~5.5V	±2.25~±18V
输入偏置电流	200nA	20nA	1pA
带宽	1MHz	1.3MHz	8MHz

3.3　传感器自取能技术

3.3.1　自取能技术简介

目前有源有线感知网部署困难、成本高、施工风险大的问题日益凸显，并且受限于传统电池供电技术条件，面临着供电困难、维护昂贵、功耗较大等挑战。自取能技术也称为自动能量收集或自供能技术，是指从环境中提取能量来供电或充电的一类技术。这种技术利用环境中的能量资源，如磁场，电场，振动，温差等，将其转换为可用的电能或其他形式的能量，将这些能量转化并以电能的形式存储起来，为传感器其他模块提供稳定的能量，从而实现传感器电量免维护。

传感器自取能具有以下几个优点：

（1）增加续航时间。传感器自取能可以摆脱对电池的依赖，延长传感器的使用时间。通过从环境中提取能量，传感器可以在不间断的情况下长期运行，减少更换电池的频率和成本。

（2）提高可靠性。由于不再依赖外部电源供应，传感器在电池耗尽或电源中断的情况下仍然能够正常工作，确保数据的连续性和准确性。

（3）降低维护成本。不需要定期更换电池或维护电源线，可以减少人力和物力资源的投入，降低系统的维护成本。

（4）实现无线布局。传感器自取能可以实现无线布局，消除电源线的限制。传感器可以更自由地布置在需要监测的位置，减少了布线和连接的复杂性。

电网设施如高压架空输电线路、高压变电站所处环境中存在的能量主要分为电磁能量和自然能量两种，下面介绍几种自取能方式以及对应的取能模块典型设计。

3.3.2 常见自取能技术

3.3.2.1 磁场取能

1. 基本原理

磁场取能是一种利用环境中存在的磁场能量并将其转换为电能的技术。当一个磁场的磁通量变化时，周围的线圈或磁性材料中会产生感应电动势，驱动电荷流动，产生电能。通过合理设计和优化，这些电能可以用来对小型电子设备供电。取能装置一般包括磁芯、线圈、能量转换电路等部分，下面介绍三种磁场取能的基本原理。

（1）闭合磁路取能。闭合磁路取能是指以闭合磁芯作为磁路进行取能的方式，与电流互感器原理相似，通流导体对外产生空间磁场，磁感线在磁芯内聚集并在磁芯上缠绕的线圈中产生磁通量。可以将通流导体视为电流互感器的一次侧，磁芯上的线圈视为二次侧，形成一个典型的电流互感器。当一次侧电流发生变化时，二次侧感应出电动势，进而驱动电荷流动，并为负载供能，如图 3-4 所示。该技术的特点为结构设计简单、取能功率大。由于其具有磁路闭合并从通流导体中获取能量的特点，该类取能传感器往往紧贴高电位安装，目前已在开关触头温度、主回路电流检测等方面广泛应用。

（2）非闭合磁路取能。对于三相共芯电缆、品字形电缆，若采用闭合磁路，由于三相电矢量和为 0，其磁路所围区域磁通量为 0，则无法输出磁场能

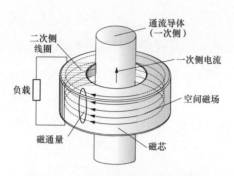

图 3-4　闭合磁路取能原理示意图

量。非闭合磁路取能专门针对这种磁通量为 0 的场景,在通流导体附近部署非闭合磁芯及线圈,当磁场变化时,线圈中即可感应出电动势,进而驱动电荷流动,并为负载供能,如图 3-5 所示。该技术的特点是适用于三相共芯电缆、品字形电缆等场景,取能功率较大,能够胜任温度、局部放电、电流等监测需要。

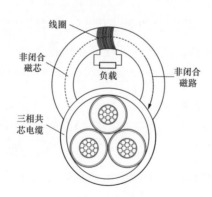

图 3-5　非闭合磁路取能原理示意图

（3）空间磁场取能。变电站、输电线路附近具备交变磁场,可以采用空间磁场取能方法。通过高磁导率磁芯增大磁通量,提升线圈中的感应电动势,得到更大的取能功率,如图 3-6 所示。该技术的特点是无需紧邻通流导体部署、尺寸小、磁芯难饱和。但需要注意的是,由于磁芯内磁场更弱,空间磁场取能功率往往远小于闭合磁路取能。该技术适用于两类场景:①距离通流导体有一定距离且功耗不大的场景,如杆塔倾斜、环境温湿度监测等;②通流导体电流很大，要避免磁芯饱和发热的场景，如导线接触式测温、测流。

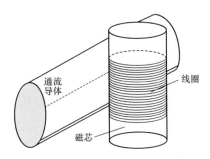

图 3-6　空间磁场取能原理示意图

2. 取能模块设计

本部分以闭合磁路为例，简述磁场取能模块的设计方法。

（1）磁场取能模型构建。构建磁场取能装置的电路模型如图 3-7 所示，I_1 为通流导体电流，I_e 为励磁电流，L_m 为励磁电感，R_m 为励磁电阻，N_p 为一次侧绕组匝数（$N_p=1$），I_2 为流过二次侧线圈的感生电流。在闭合磁场中，磁导率越高，磁通量越大，由于采用高导磁磁芯，故可忽略漏磁。在进行磁场取能效率研究时，通常关注小电流下取能装置的取能功率。此时磁芯通常处于线性工作状态，一、二次侧之间能量转换效率较高，磁芯铁损低，模型忽略励磁电阻。

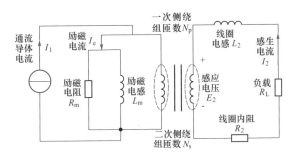

图 3-7　磁场取能模型

（2）磁芯选型。磁芯是指在电子元器件使用的一种材料，常见的磁芯材料包括坡莫合金、超微晶、铁氧体、硅钢片等。磁芯被广泛应用于变压器、感应器、滤波器、调谐器及磁盘驱动器等电子设备中。磁芯的主要作用是增强和集中磁场。通过将导线绕制在磁芯上，可以使电流产生的磁场更加强大并集中在磁芯中心，从而提高电子元器件的性能。

　　磁导率是磁性材料的一个关键参数，它表示了材料在外加磁场作用下磁化的能力。磁导率直接影响磁芯在电子器件中的性能和效果，高磁导率的材料能更有效地集中和传导磁场，从而增加磁感应强度，提高器件的感应能力。磁芯在受到过强的磁场作用时会进入饱和状态，其磁导率降低，从而降低感应能力。初始磁导率高的磁芯在小电流下能获得更高的取能功率，有利于降低取能门槛。同时，为防止大电流下二次侧能量过高，危害后级电路，磁芯须有较强的饱和特性。选择磁芯时，还应考虑成本、韧性、刚度、易加工性等因素。表3-7列举坡莫合金、超微晶、铁氧体、硅钢片四种磁芯材料的优缺点。

表3-7　　　　　　　　　　　磁芯材料优缺点对比表

磁芯材料		坡莫合金	超微晶	铁氧体	硅钢片
优点	磁导率	具有很高的弱磁场磁导率，能够降低启动电流，提高取能能力	弱磁场具有较高磁导率，能够降低启动电流，提高取能能力	起始磁导率高，容易磁化也容易退磁	较强磁场下磁感应强度（磁感）高
	易加工性	韧性好，加工成片状后弯曲性好，作为取能部件的同时可以用作安装附件	粉末状，只能开模压制	磁芯加工精度高	加工简单，不容易饱和，材料本身硬度高，成本低廉
缺点	饱和特性	易饱和，饱和后二次侧不再和一次侧存在线性关系，不适用于测量	易饱和，饱和后二次侧不再和一次侧存在线性关系，不适用于测量	易饱和，相同截面积的铁氧体饱和磁通密度只有硅钢片的1/4	弱磁场磁导率不如其他几种材质，相同条件启动电流较高
	加工成本	生产过程相对比较复杂	对机械应力敏感		质地硬，体积过小，加工精度不易控制

　　综合考虑以上各磁芯材料的优缺点，坡莫合金为较为理想的磁芯材料，该材料在很微弱的磁场中有很大的初始磁导率，即在很小的一次电流下可以

取得比其他磁芯材料更大的能量。同时，其饱和特性可以很好地抑制二次侧感应到的能量，保护后级电路。另外，其柔韧性较好，做成带状时很适合弯曲，所以可以同时作为安装部件使用。

（3）取能线圈参数设计。取能线圈需要同时满足小型化、高效率的要求，主要对线径、匝数进行优化。其中，大线径电阻低、但同匝数下体积大；高匝数的感应电压大，但匝数的提升会导致电阻增加，降低功率输出效率。需要综合考虑磁芯尺寸、绕线方式、负载特性计算出输出功率较高的线径和匝数，然后考虑成本、体积得到合适的线径和匝数。

（4）能量管理电路设计。磁场取能能量管理电路重点解决大电流下装置易损坏和小电流下取能慢两个问题。

1）大电流保护电路设计：通流导体电流可能达到百安级，暂态电流可能达到千安级别。过大的电流在二次侧易感应出超出电路耐受的过电压。此时，可采用 TVS 管和晶闸管作为保护电路，当二次侧电压大于 TVS 管的额定电压时，晶闸管导通，线圈两端短接，避免在大电流情况下二次侧电路损坏。

大电流保护电路设计如图 3-8 所示。

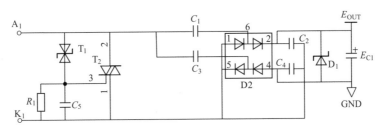

图 3-8 大电流保护电路设计

2）高效转化电路设计：一般磁场取能线圈输出电压较低、电流较高，需设计倍压整流电路来提升充电效率，实现小负载电流下快速启动，提升能量管理电路效率。

3.3.2.2 电场取能

1.基本原理

电场取能是将高压输电线周围感应的电磁能量转化为电能的一种技术。一般取能模块具备一个取能电极，电场取能模块利用高压带电体（电压为 U_1）

和取能电极之间的寄生电容 C_1 和位移电流来获取能量。

C_1 电容两端电压 U_{C1} 和极板与大地之间的电容 C_2 两端电压 U_{C2} 之间存在如下关系：

$$U_1=U_{C1}+U_{C2} \qquad (3-1)$$

根据串联分压原理：

$$U_1 = \frac{C_1}{C_1 + C_2}U_1 = K_{U1} \qquad (3-2)$$

此处 K 为电容分压比，因此只需要适当的调节 C_1 与 C_2 的容量，即可在 C_1 两端得到所需的电压 U_{C1}。图 3-9 为电场取能原理示意图。

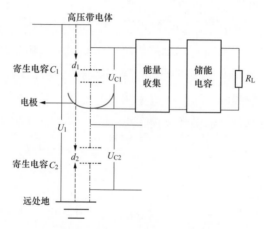

图 3-9 电场取能原理示意图

2. 取能模块设计

出于安全性考虑，取能电极尺寸不能明显改变主设备周围的电场分布，所以取能电极一般面积较小，又因临近高电位，所以取能电极输出的电压较高、电流较低，不利于能量的快速存储。需要设计合适的能量管理电路以提升取能效率。一般采用放电法取能，即通过电容（C_1）和硅控单向电压触发开关（D_1）组合设计，将高电压、微小电流能量首先储存进一个小储能电容中，确保能量能够被快速存储且泄漏较低。小电容充满后向后级电路放电，形成脉冲电流。脉冲电流通过高频变压器转换成低电压、大电流，存储进一个较大的储能电容内，确保电容内能量能够满足后级电路运行。一般储能电容选用低漏电流的固态钽电容（E_{C1}），以提升取能效率。

能量管理电路图如图 3-10 所示。

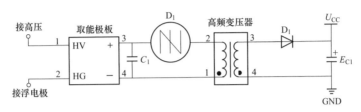

图 3-10　能量管理电路图

3.3.2.3　振动取能

1. 基本原理

振动能广泛存在于各种生产和生活设备中，目前将环境中振动的机械能转换成电能的振动能量采集装置主要有静电式、压电式和电磁式三种。

（1）静电式振动能量采集装置。静电式振动能量采集装置是基于静电效应将振动能量收集的装置，其主要结构为平行板电容器，如图 3-11 所示。此类振动能量采集装置在进行能量采集之前需要提供外部电源，用于在可变电容之间产生电压差，进而感知振动激励引起极板间距或相对位置的变化，使电容值发生相对改变，并将产生的电能储存于电容，从而将振动能量转换为电能。其优点是易于系统集成，但开始工作时需要外接电源进行极板驱动才能实现相应功能。

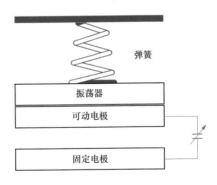

图 3-11　静电式振动取能原理示意图

（2）压电式振动能量采集装置。压电式振动能量采集装置基于压电材料的压电效应将振动能量转换为电能，其核心部件为压电材料，如图 3-12 所示。压电材料具有正压电效应和逆压电效应：正压电效应是指当压电材料受到某一特定方向的力时，材料会发生形变而导致其内部产生极化现象，并在其表面产生等量异号的极化电荷，在一定范围内电荷量与压力呈线性增加关系，外力撤销后其表面又逐渐恢复到不带电的状态；逆压电效应是指当压电材料处于电场中时，压电材料不仅发生极化也发生形变，继而产生应力和应变，其大小在一定范围内与所施加的电场强度呈线性增加关系。压电材料一般具有三种工作模式：d31 模式、d33 模式和 d15 模式。d31 模式表示受力方向垂直于极化方向，在垂直于极化方向的电极表面采集电荷；d33 模式表示受力方向平行于极化方向，在垂直于极化方向的电极表面采集电荷；d15 模式主要利用剪切方向的载荷，但该模式很少被应用于振动能量收集。其中，d31 模式能在较小的力作用下产生较大的形变，因此较为广泛地用于振动能量收集。

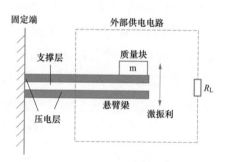

图 3-12　压电式振动取能原理示意图

（3）电磁式。电磁式振动能量采集装置是根据电磁转换原理设计的振动能量收集装置，基于法拉第电磁感应定律，将振动能量换为电能，装置主要结构为永磁体和闭合线圈，如图 3-13 所示。振动引起闭合线圈回路与永磁体形成相对运动，穿过闭合线圈回路的磁通量变化会产生感应电动势，从而产生感应电流。感应电动势的大小由磁场强度、线圈匝数和相对运动速度决定，即磁通量的变化率。感应电动势为：

$$E = -N \frac{\mathrm{d}\phi}{\mathrm{d}t} = -N \frac{\mathrm{d}}{\mathrm{d}t} \int B \qquad (3-3)$$

式中：E 为感应电动势；N 为构成闭合回路的线圈匝数；ϕ 为穿过每匝线圈的磁通量；t 为时间；B 为磁感应强度；S 为线圈面积矢量。

根据振动部件不同，可以将基于电磁转换的振动能量收集装置（Vibration Energy Harvester，VEH）分为动铁（永磁体振动）、动圈（线圈振动）和铁圈同振（永磁体与线圈共同振动）三种类型。

电磁式振动能量采集器因为结构中包含线圈和磁铁，受线圈匝数和磁铁几何尺寸的影响，尺寸较大，难以微型化和集成化，且输出电压较低，需要专门的升压电路。其主要优点为成本低，性能优，无需外接电源，制作工艺简单，适用于低频振动环境中的无线传感器供电。

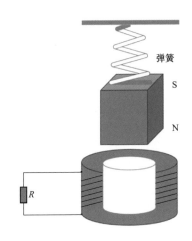

图 3-13　电磁式振动取能原理示意图

2. 取能模块设计

下面以电磁式振动取能为例概述振动取能装置的取能结构设计。

电磁式振动能量采集装置主要利用永磁体来产生磁场。一般是以永磁体为振子，线圈相对固定，也有少数中采用线圈为振子。图 3-14 是以永磁体为振子的振动能量采集装置结构示意图。磁铁质量的设计应使自然频率与变压器振动主频率匹配。在设计中建议线圈骨架、外壳等均由非导磁材料制作，而拾振弹簧可以是普通螺旋形弹簧，也可以是平面弹簧或非接触式的永磁弹簧等。

在不考虑二次线圈内阻的情况下，电磁式振动取能模块工作时获取的能量是感生电动势和动生电动势之和。此时，电磁式振动取能装置取能能力与振动源振幅和频率（表现为加速度）、永磁体磁感应强度、二次线圈匝数正相关。但是实际应用中二次线圈内阻不能忽略，因此二次线圈匝数不能无限制增加。

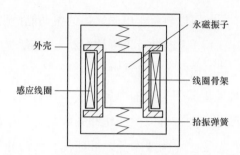

图 3-14　电磁式振动能量采集装置结构示意图

3.3.2.4　温差取能

1. 基本原理

两种不同导体或半导体在一定温差下会产生电势差，这种现象叫塞贝克效应。温差取能即利用塞贝克效应产生的电势差供电的取能方式，图 3-15 是一种利用半导体的塞贝克效应进行温差取能的电路结构。在温差影响下，N 型半导体带负电的载流子从热端向冷端移动，P 型半导体带正电的载流子从热端向冷端移动，从而在两种半导体之间形成电势差，利用该电势差可以对外供电。

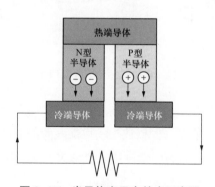

图 3-15　半导体塞贝克效应示意图

2. 取能模块设计

要实现更大的取能功率，需要温差取能模块具备高效的能量转化能力和良好的散热能力。本部分从温差取能器件设计和散热器设计两方面进行技术介绍。

（1）温差取能器件设计。为实现更高的能量转化能力，一般采用半导体取能芯片作为温差取能器件。取能芯片由多个温差取能单元串并联组成，如

图 3-16 所示。一般来说，热电腿越长、截面越小，则其电阻越高，对输出能量的损耗越大；但同时，热电腿越长、截面越小，其冷端和热端的热交换越少，越容易产生更高的温差，塞贝克效应产生的总能量越大。需要综合考虑这两个因素对取能单元结构进行优化，以获得更好的取能效果。

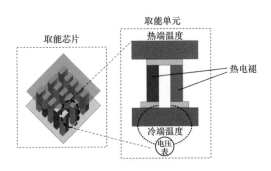

图 3-16　取能芯片及取能单元示意图

（2）散热器设计。在取能芯片的冷端加装散热器可以在芯片两端获得更高的温差，提升取能功率。常见的散热器结构如图 3-17 所示。由于安装空间有限，散热器的设计要兼顾散热性能和小型化，以安装于输电线夹螺母上的温差取能传感器散热器为例，建议散热器片数不超过 6 片，半径在 25mm 以内。

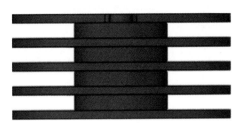

图 3-17　散热器结构图

3.4　传感器前沿技术

近年来，传感器技术快速发展，其在输变电场景的应用大幅提升了输变电设备的感知水平。在众多新型传感器技术中，MEMS 技术和量子传感技术应用潜力巨大。

3.4.1 MEMS 传感技术

3.4.1.1 MEMS 传感技术介绍

1. 概述

MEMS 是指尺寸为几毫米乃至更小的高度集成的机械电子系统。采用 MEMS 技术，可将原本体积大、集成度低的传感器感知结构及电子器件高度集成，从而有效减小传感器体积、降低功耗，提升传感器精度。

MEMS 技术以其微型化、集成化和低功耗的特点，为电力行业带来了许多创新应用。在输变电设备状态监测方面，由于传感器体积缩小，使传感器应用场景大为拓展，同时实现电流、温度、振动、压力等参量的准确测量。通过对设备状态的实时监测，获取设备健康运行状态，合理制定检修及运维策略，降低故障风险。

2. 技术优势

（1）小型化。MEMS 传感技术的最大特点是使敏感元件芯片化，尺寸大幅缩小。小型化使得敏感元件具备更强的可集成性，进而缩小了传感器的体积。

（2）低功耗。MEMS 芯片通常能够以较低的功耗运行，这在依赖电池供电或对能耗有严格要求的移动设备和无线传感网络中尤为重要。

（3）高性能。由于 MEMS 芯片工艺制造的精密性，其仍具备较高的性能。例如，加速度计和陀螺仪可以实现高精度的加速度和角速度测量，压力传感器可以在宽范围内准确测量压力变化。

（4）多功能集成。由于 MEMS 芯片的制造过程高度集成化，可以在同一芯片上集成多种传感功能，如加速度计、陀螺仪和磁力计。

（5）成本低。由于 MEMS 芯片制造技术的发展，批量生产 MEMS 芯片的成本相对较低，这使得 MEMS 芯片在大规模应用中成为经济实惠的选择。

（6）可靠性较高。由于 MEMS 芯片的结构小且大多由单一晶片制成，其在机械上具有较高的可靠性。此外，MEMS 芯片无机械零部件运动，相比传统敏感元件，其抗冲击、抗振动能力更强。

几类典型的数字 MEMS 芯片如图 3-18 所示。

（a）压力传感器　　　　（b）温度传感器　　　　（c）微水传感器

图 3-18　数字 MEMS 温度、压力及微水感知芯片

3. 技术要点

MEMS 传感技术实现了微小尺寸的机械结构和电子元件的集成，MEMS 传感技术要点包括：

（1）微纳制造。MEMS 芯片制造包括了光刻、湿法刻蚀、干法刻蚀、薄膜沉积、离子注入、电子束曝光等工艺，这些技术用于在硅晶片上制造微小的机械结构和电子元件。

（2）基底材料选择。通常情况下，硅是最常用的基底材料之一，因其具有良好的机械性能和电性能，并且微纳制造技术对硅的加工能力较强。除了硅以外，还有一些其他材料如石英、玻璃、聚合物等也可用于 MEMS 芯片的制造。

（3）微结构设计。MEMS 芯片通过硅片上的微型悬臂梁、微型弹簧、微小膜片等结构实现物理量的感知，需要结合制造工艺、材料特性、感知需求设计出性能优秀的微结构。

（4）封装。MEMS 芯片需要合理的封装以保护其微小的机械和电子元件免受外部环境的影响，封装还能提供与外部系统的连接，如电源、数据线等。

（5）软件控制。MEMS 芯片可以与计算机或其他系统集成，通过软件进行控制和数据交换。

3.4.1.2　MEMS 传感技术应用

1. MEMS 加速度传感器

MEMS 加速度计用于测量物体在空间中的加速度，进而实现对倾斜角、振动等参量的测量。硅微电容加速度计是 MEMS 加速度传感器的一种，利

用硅材料和微电子加工技术制造，可以测量加速度的大小和方向，实物图如
3-19所示。

硅微电容加速度MEMS敏感元件由质量块、电极、锚点、支撑梁等部分
构成，如图3-20所示。质量块使其能够在加速度作用下发生运动，当传感
器产生加速度时，可移动电极会相应地随之移动。移动导致了电容值的变化，
通过测量电容值的变化，可以推导出加速度的大小和方向。

图3-19 硅微电容加速度计实物图

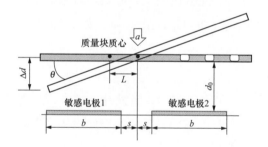

图3-20 硅微摆式电容加速度计结构简图

2. MEMS压力传感器

MEMS压力传感器用于测量气体或液体的压力并将其转换为电信号输出。
MEMS敏感元件通常为微小的薄膜或弯曲结构，当压力施加在传感器上时，
这些结构会产生微小的形变。这些形变导致电阻、电容或谐振频率等特性发
生变化，随后通过电路将这些变化转换为可测量的电信号。MEMS压力传感
器因具有小尺寸、低功耗、高精度和快速响应的优势而应用广泛。图3-21为
MEMS压阻式压力传感器实物图。

图 3-21 MEMS 压阻式压力传感器实物图

3.4.2 量子传感技术

3.4.2.1 量子传感技术介绍

1. 量子传感原理

量子传感技术是指以光子、原子等量子系统为介质，利用量子特性实现对电磁场、温度、压力等物理量超高精度、灵敏度测量的技术。在量子传感中，电磁场、温度、压力等待测物理量直接与传感介质的电子、光子、声子等体系发生相互作用，并改变传感介质内部的量子状态，最终通过检测量子态的变化情况，进而实现待测物理量的高灵敏度测量。这些电子、光子、声子等量子体系就是一把高灵敏度的量子"尺子"，即量子传感。时间/频率、电磁场、压力、温度、惯性等物理量的高精度测量均可通过量子传感技术实现，其主要运用了以下量子特性：

（1）量子跃迁。量子跃迁常指电子从原子的一个轨道状态（量子态）跳跃到另一个轨道状态（量子态）的过程，当原子从一个能量态跃迁至低的能量态时，它便会释放电磁波。同一种原子的电磁波特征频率是一定的，可用作一种节拍器来保持高度精确的时间，基于此原理可以实现时间的精确测量。

（2）相干叠加。量子具有波粒二象性，一个量子系统同时具有波动性和粒子性。相干性刻画了量子系统的波动性，如两个能级之间或者两束相同频率光之间有一个固定的相位差；同时一个量子态包含了系统所有的信息，一个量子系统可以处在不同量子态的叠加上，即量子叠加性。目前量子成像技术、金刚石原子磁力计等就是利用了量子相干叠加性。

（3）量子纠缠。假设两个粒子在经过短暂时间的彼此耦合之后，单独搅扰其中任意一个粒子，尽管两个粒子之间相隔很长一段距离，但仍会影响到另外一个粒子的性质，这种关联现象称为量子纠缠。目前磁力计、量子雷达等就是利用了量子纠缠特性。

2. 量子传感过程

量子传感技术要求拥有对量子态进行操控和测量的能力，利用量子态进行信息处理、传递和传感。量子测量过程中如图 3-22 所示。

（1）量子态输入。通过控制信号将量子体系调控到特定的初始化状态。

（2）传感单元。待测物理量相互作用会导致量子体系的量子态发生变化，通过感知单元获取量子态的变化。

（3）量子测量。直接或间接（干涉法）测量外部待测物理量。

（4）信号处理。将测量结果转换成传统信号输出，获取测量值。

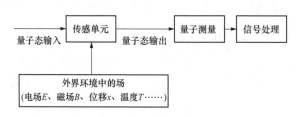

图 3-22　量子测量过程示意图

3. 量子传感器的特点

量子传感器是以量子力学为指导，以量子系统作为传感介质，利用量子效应设计的传感器件。根据不同量子体系的特点，不同类型的量子传感器对某些特定物理量具有特定的响应特性。与传统传感器相比，量子传感器具有超高精度、非破坏性、实时性、高灵敏性、稳定性和多功能性等优点。

（1）超高精度测量。物质的电磁场、温度、压力等与量子体系发生相互作用后会改变其量子状态，通过对变化后的量子态进行检测，实现高灵敏度测量。假设让 N 个"量子尺子"的量子态处于一种纠缠态上，外界环境对这 N 把量子尺的作用就会相干叠加，那么最终的测量精度相对单量子尺将提高 N 倍，突破了经典力学的散粒噪声极限，达到量子力学理论范畴内所能达到的最高精度。

（2）非破坏性。传统测量可能会引起被测系统状态发生变化，即破坏了状态本身；而在量子控制中，将量子传感器作为系统的一部分或作为系统扰动考虑，将传感器与被测对象相互作用考虑在整个系统状态演化之中，弱化测量中可能会引起被测系统状态发生的变化，实现了系统非破坏性测量。

（3）实时性。根据量子控制中测量的特点，特别是状态演化的快速性，使得实时性成为量子传感器品质评价的重要指标。量子传感器可实现对状态变化的快速测量，能够较好地与被测对象的当前状态吻合。

（4）高灵敏性。由于量子传感器的主要功能是实现对微观对象被测量的变换，能够捕捉对象微小的变化，灵敏度极高。在设计量子传感器时，要考虑其灵敏度能够满足实际要求。

（5）稳定性。在量子控制手段中，考虑用冷却阱、低温保持器等方法加以保护，解决量子传感器在探测对象量子态时可能引起的对象或传感器本身状态不稳定问题，从而提高传感器稳定性。

（6）多功能性。量子系统本身就是一个复杂系统，各子系统之间或传感器与系统之间都易发生相互作用，将采样、处理、测量等多功能集成在同一量子传感器上，并植入合适的智能控制算法，实现多物理量的统一测量分析。

3.4.2.2 量子传感技术应用

目前，国内外量子传感与测量技术研究应用主要聚焦八个方向：量子磁场测量、量子电场测量、量子成像、量子时间测量、量子重力测量、量子惯性测量、量子温度测量、量子气压测量。在电力行业，基于量子传感器的磁场测量已具备一定的应用基础。

基于量子精密测量的高电压电流互感器，通过采用量子检测原理替代了传统测量电流方式，解决了传统电流测量精度受温度制约的技术问题，提高了电流测量精度。该高电压电流互感器包括多个量子传感器，用于测量被测载流导体周围的磁场强度。量子传感器数量为 4 的倍数，均布于以载流导体中心轴为圆心、预定长度为半径的虚拟圆周上；绝缘腔设置于载流导体和量子传感器之间，填充有用于避免电容效应的绝缘气体，如图 3-23所示。

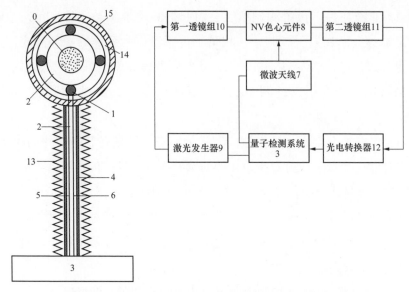

图 3-23   基于量子精密测量的高电压电流互感器结构图

0—载流导体；1—量子传感器；2—绝缘腔；3—量子检测系统；4—套管绝缘层；
5—输入线；6—输出线；7—微波天线；8—NV 色心元件；9—激光发生器；
10—第一透镜组；11—第二透镜组；12—光电转换器；13—绝缘子；14—磁屏蔽层；
15—外壳；16—聚磁铁芯

该量子传感器的核心为金刚石 NV 色心量子元件，基于 NV 色心元件能级跃迁与外界磁场的关系实现高灵敏度、高空间分辨率微弱磁场检测。当 NV 色心元件外部存在磁场时，根据塞曼效应理论，基态的电子会发生能级分裂。当对电子施加与这两个能级的能级间距相等的频率的电磁波时会发生能级间跃迁现象（电子自旋共振），通过两个频率差计算即可获知外部磁场强度，并将磁场强度生成反馈信号，进而基于电流与磁场的关系来计算载流导体的电流。

3.5   传感器设计案例

3.5.1   开关柜触头测温传感器

3.5.1.1   场景分析

开关柜触头位于开关柜断路器室内，触头接触不良会造成接触电阻过大、温度升高，进而引起触头形变、氧化，进一步增大接触电阻，最终导致触头烧蚀、开关柜爆炸等恶性事故。因此，对开关柜触头温度进行监测十分必要。

开关柜断路器室为狭小的密闭空间，单个触头直径多为 35mm 或 50mm，可供传感器放置的空间十分狭小，如图 3-24 所示。开关柜触头为高电位通流导体，不支持有线供电或通信。综上，需要设计一款基于磁场取能的小微温度传感器，以满足开关柜触头测温需求。

图 3-24 开关柜触头

3.5.1.2 传感器设计

基于 3.1 节给出的传感器架构，介绍开关柜触头测温传感器设计。

1. 取能模块设计

取能模块包括取能 TA、保护电路（包括 TVS 和稳压电路）、整流电路、储能电路和门限管理电路组成，如图 3-25 所示。

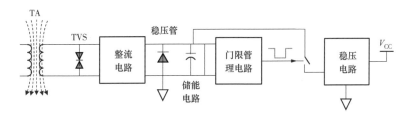

图 3-25 取能模块示意图

（1）取能 TA 设计。取能 TA 由磁芯和取能线圈组成，本案例基于 3.3 节给出的磁场取能模块优化方法，考虑安装空间限制，使用厚 0.3mm、宽 1cm 的坡莫合金为磁芯材料，二次侧线圈为 5000 匝。

（2）保护电路设计。保护电路的作用是稳定对后级电路输出的电流、电压，确保后级电路不会被从一次侧感应到的大电流、高电压损坏。如图 3-25 所示，与取能 TA 直接并联的双向 TVS 为第一级保护电路，能够在二次侧电流过大时对电流进行泄放；与储能电容并联的稳压管是第二级保护电路，能够将电压稳定在 3.3~4V 之间，保护后级电路不被击穿。

（3）整流电路设计。整流电路的作用是输出稳定的直流功率，便于对后级储能电路充能，更高的电压可以达到更高的充能效率。本案例选用了 4 倍压整流电路，相对半波、全波整流电路有更高的充能效率。

（4）储能电路设计。储能电容选型需要首先满足后级电路工作电压需求，同时尽量降低漏电流。本案例采用固态钽电容，漏电流低至微安级。

（5）稳压电路设计。稳压电路除了在整流电路设计中提到的简单使用稳压二极管进行稳压外，还需要采用一个低压降、低功耗 LDO（低压差线性稳压器）来实现系统电源的稳定输出。

2. 通信模块设计

传感器安装于开关柜内部，射频信号穿过柜体会发生衰减。LoRa 通信方式有功耗低、接收灵敏度高的特点，在柜体阻挡条件下依然能有较高的通信质量，本案例选用基于 LoRa 通信的 TCM-L01B 通信模组。该模组符合《输变电设备物联网微功率无线网通信协议》（Q/GDW 12020—2019）的要求，适用于小数据量、高频次采集数据接入。该协议下模组休眠电流小于 3μA，工作电流小于 5mA。

通信模组需要外接射频天线方能收发信号。由于开关柜触头附近空间狭小，且处于高电位，应选用小型内置天线以确保传感器体积和安全性满足要求，但小天线也意味着较短的信号传输距离。为同时满足信号传输距离和小型化需求，本案例采用了 3dB 的 FPC 迂回单极子天线，天线尺寸仅 $2cm^2$，如图 3-26 所示。

图 3-26 FPC 天线

3. 感知模块设计

常用的温度感知模块有热电偶、热敏电阻、电阻温度检测器、IC 温度传感器和红外测温传感器 5 种类型。其中，热电偶、热敏电阻、电阻温度检测器均需要外部参考源才可以工作，难以实现低功耗和小型化；红外测温传感器多用在非接触式测温，且功耗过高。本案例采用 IC 温度传感器，测温范围 –40℃ 到 +125℃，精度 0.5℃，工作电流 1μA，满足开关柜触头测温场景需求。

4. 主控模块设计

开关柜触头测温传感器主要功能为定时采集、处理温度数据并发送，业务功能简单，处理器算力要求极低，应尽量选择低功耗处理器。本案例采用了 MSP430 芯片，此芯片具有 16kB Flash，512Byte SRAM，11 个 GPIO 和 3 对 24 位专用 ADC，完全满足传感器业务需求，工作电流在百 μA 级，休眠电流低于 1μA，能够超低功耗运行。

5. 结构设计

传感器结构设计如下：

（1）结构整体主要由上盖、下壳、线路板、取能线圈组成。

（2）线路板整体与下壳采用灌封胶来实现防水（IP68）。

（3）下壳为金属材质，通过下壳将被测物体表面温度传递给测温探头，完成温度采集，同时测温探头与下壳铜壳间隙填充导热膏，以提高测温准确度。

（4）取能线圈与 FPC 天线叠加置于上盖与下壳之间，天线用馈线连接至线路板，取能线圈经铜线连接至线路板，过孔通过灌封实现与线路板防水隔离。

（5）二次线圈线径计算：根据传感器结构，线圈绕线面积不能大于 16.6mm×
1.5mm（宽 × 厚）=24.9mm²；将铜漆包线截面近似地当作圆形，线圈截面直
径最大值为 0.2mm。

3.5.2　避雷器泄漏电流传感器

3.5.2.1　场景分析

通过氧化锌电阻片的电流叫做氧化锌避雷器（见图 3-27）的泄漏电流，
避雷器绝缘性能劣化时，其泄漏电流会增大，对泄漏电流大小进行监测，是
判断避雷器绝缘状态的有效手段。通过安装避雷器泄漏电流传感器（见图
3-28），可实现泄漏电流和动作次数的实时监测和数据远传。运维人员在后台
就可获取避雷器的绝缘状态，提升了对避雷器设备的管理水平。

图 3-27　氧化锌避雷器　　　　图 3-28　避雷器泄漏电流
　　　　　　　　　　　　　　　　　　　　　　传感器

3.5.2.2　传感器设计

本部分基于 3.1 节给出的传感器架构，介绍避雷器泄漏电流传感器
设计。

1. 电源模块设计

避雷器的泄漏电流一般在 100μA 以上，可以利用该电流驱动传感器实现
传感器无电源线部署。

由于泄漏电流较小，难以直接被电子器件利用，可以采用多级 TV 串并联结构，其中一次侧采用串联结构，二次侧采用并联结构，可以将一次侧接地引下线的微小泄漏电流转化为二次侧较大的电流。本案例中，一次侧 100μA 泄漏电流在二次侧能感应出 2mA 的电流，经整流后储存到 10F/5V 的超级电容器中，为整个后级电路提供能量。电源模块电路示意图如图 3-29 所示。

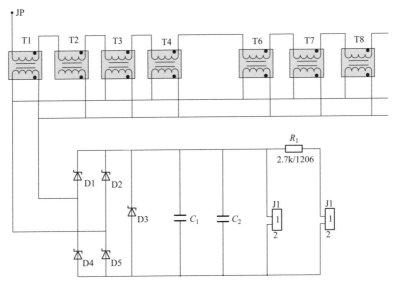

图 3-29　电源模块电路示意图

2. 通信模块设计

避雷器泄漏电流传感器只需对避雷器泄漏电流和动作次数进行感知，这两个参量的报文数据量小且不会短时间内急剧增加，因此本案例采用基于 LoRa 的 TCM-L01B 通信模组。该模组采用《输变电设备物联网微功率无线网通信协议》(Q/GDW 12020)，适用于小数据量、低实时性数据接入。该协议下模组休眠功率小于 8.0μW，工作功率小于 15mW。

通信模组需要外接射频天线方能收发信号。避雷器泄漏电流传感器安装于室外，具备充足的天线安装空间，本案例采用塑料外壳包裹的全向鞭形天线，增益为 8.7dB，如图 3-30 所示。

图 3-30　鞭形天线

3.感知模块设计

泄漏电流和动作次数的感知可分为两种技术路线，分别是采样电阻法和互感器法。

（1）采样电阻法。该方法具备感知模块具备两条支路，采样电阻支路感知泄漏电流，放电间隙（阀片）支路感知动作次数，如图 3-31 所示。在采样电阻支路中，通过对电阻两端电压的放大、采样，计算出泄漏电流大小。

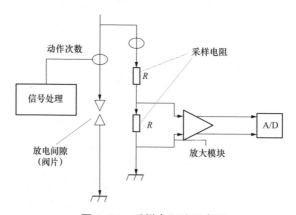

图 3-31　采样电阻法示意图

采样电阻法的优势是技术成熟，应用广泛，目前大部分传感器用此方法；其劣势是改变了避雷器接地参数，放电间隙（阀片）动作阈值不明确，易老化。

（2）互感器法。该方法将避雷器接地引下线穿入传感器内，由漏电流线圈感知泄漏电流大小，由动作电流线圈感知避雷器动作次数，如图 3-32 所示。其中，漏电流线圈二次侧是一次侧电流的整数倍，通过放大、采集泄漏电流获得更高的电流感知精度。动作电流线圈二次侧接采样电阻，当避雷器动作时，一次侧电流增大，带动二次侧采样电阻两端电压升高；当电压升高到一定阈值时，由中央控制器判别避雷器动作，驱动动作次数指示器动作。

互感器法的优点是不改变避雷器接地参数，是一种非侵入的检测方法，相对通过放电间隙（阀片）感知避雷器动作的方式感知更为精准、寿命更长。缺点是装置较为复杂，应用成熟度不如采样电阻法。

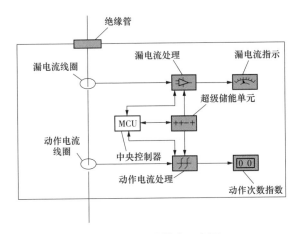

图 3-32 互感器法示意图

本案例采用了采样电阻法作为感知方法。模数转换电路最大输入电压为 3.3V，采样率最高可达到 1Mbps。非特高压避雷器泄漏电流传感器最大量程为 5mA，采样电阻为：

$$R = \frac{U}{I} \approx \frac{3.3\text{V}}{5\text{mA}} = 660\Omega \tag{3-4}$$

由于模数转换电路分辨率有限，在泄漏电流较小时，模数转换电路输入电压过低，采样精度较低。这里采用了 PGA 作为放大电路，以实现对采样电阻两端电压的多档位放大，使输出电压尽量逼近 3.3V，充分利用模数转换电路的分辨能力，提高测量精度。

（1）主控模块设计。避雷器泄漏电流传感器的主要功能为智能补偿、趋势分析及异常预警功能，业务简单，处理器算力要求相对较低。应尽量选择低功耗处理器，降低传感器工作门槛。本案例采用 MSP430 芯片，此芯片具有 16kB 闪存，512Byte 静态随机存储，11 个通用接口和 3 对 24 位专用模数转换电路，完全满足传感器业务需求，且工作电流在百微安级，休眠电流低于 1μA，能够超低功耗运行。

（2）结构设计。传感器外观结构主要由金属外壳、塑料盖板、接线柱、安装架组成，如图 3-33 所示。金属外壳采用高磁导率材料，屏蔽变电站电磁干扰。避雷器引下线接到接线柱（左），接线柱（右）接接地线。塑料盖板内含鞭状天线，同时保护内部不被尘土和水侵入。安装架通过金属抱箍安装于水泥柱上。

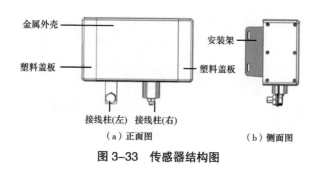

图 3-33　传感器结构图

第四章

无线传感网及设备

无线传感网（Wireless Sensor Network，WSN）是一种由成千上万个节点构成的可实现无人值守功能的无线网络系统，网络中各节点可相互通信以完成对周围环境状态的收集、处理和传输，以使人们在任何时间可获得偏远地点、恶劣环境下的大量可靠信息。本章重点介绍 WSN 中的大规模接入技术、灵活组网技术、时间同步技术和故障自愈技术及其典型设备。

4.1　WSN 大规模接入技术

WSN 是由大量的具有感测能力、采集能力、计算能力、通信能力的微型传感器节点、无线传感网设备组成，通过自组织方式构成的无线网络。它可以大规模部署低功耗传感器与微功率传感器，利用无线通信构建出一个动态的、自组织的无线网络。

国网江苏省电力有限公司研究的微功率传感器无线接入技术和低功耗传感器无线接入技术相比现有的接入技术，其适用范围更广且功耗有大幅度降低，可以作为电力专用的无线接入技术。

4.1.1　微功率传感器无线接入技术

通常而言，传感器节点使用电池供电，而受限于电池科技的缓慢发展，无线传感网技术具有低功耗的要求。如果传感器是由电池供电，那么电池容量可能限制传感器的使用时长以及传感器节点的部署。在更换电池不增加额外成本及复杂性的情况下，电池供电传感器节点应用只具备有限寿命。为了使产品更具竞争力，输变电设备物联网对芯片设计的要求已从单纯追求高性能、小面积转为对性能、面积、功耗的综合要求。设计微功耗传感器以降低设备功耗等级具有重要意义。

4.1.1.1　轻量化无线接入流程

针对温度、温湿度、烟感、形变、倾角等微功率传感器的海量接入需求，可采用上下行非对称异步通信机制，通过制定轻量化无线接入协议栈结构，简化传感器和节点之间的交互流程，实现数据链路层的轻量化设计。

1. 协议栈结构

轻量化无线接入协议栈定义的分层结构为上下 2 层模型，如图 4-1 所示。上层为数据链路层（DLL），包括媒体接入控制层（MAC）和逻辑链路控制层（LLC）两个子层，媒体接入控制层（MAC）用于数据链路的连接，逻辑链路控制层（LLC）用于数据链路的控制；下层为物理层（PL），用于物理比特流的数据传输。

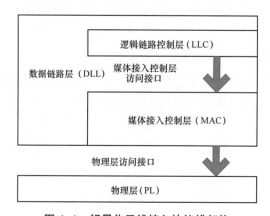

图 4-1　轻量化无线接入协议栈架构

物理层负责处理比特流的物理传输，包括发送和接收，物理层具有调制与解调、发送状态和接收状态的切换等功能。

物理层的选型基于传感器主流厂家的工作基础，选用 LoRa、BLE、ZigBee 物理层方式。一方面，以上三种通信芯片具备低功耗的特点，其休眠电流小于 1μA，同时发送功率和接收功率为数十毫安级别，可满足窄带物联网业务需求；另一方面，兼容当前主流传感器厂家的硬件配置。

同时，为了满足国家无线电管理委员会的微功率频段使用规定，选用 2.4GHz 频段和 470~510MHz 频段，具体对应为 2.4G LoRa、470M LoRa、2.4G BLE5.0、2.4G ZigBee，其中 LoRa 具有远距离传输优势。

2. 数据链路层

本轻量化无线接入流程基于点对多点 ALOHA 通信机制与低功耗业务需求，因此采用上下行非对称链路层协议定制化设计方法。设计内容体现在数据链路层，主要包括单双向传输模式、节能机制、告警机制等的实现。

（1）数据传输机制。单向传输是指汇聚节点与传感终端在一个单独的信道上直接相连，传感终端通过上行链路上传数据，如图 4-2 所示。单向传输只能在传感终端发起，汇聚节点进行接收。对于主要的普通监测数据，在消息信道采用单向上报模式，最小化传感器工作时间。

双向传输是指传感终端和汇聚节点通过给定信道的上行链路和下行链路进行数据传输，如图 4-3 所示。多个传感终端有序接入同一个汇聚节点时，双向传输由传感终端在上行链路发起，汇聚节点在下行链路上进行应答。在控制信道实现双向通信，可通过模糊 TDMA 调度缓和随机冲突，支持对传感器周期、阈值等配置。

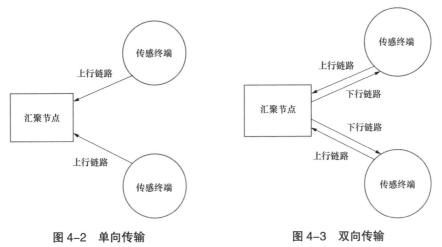

图 4-2　单向传输　　　　　　　　　图 4-3　双向传输

（2）节能机制。传感器和节点之间采用异步通信方式，即由传感器发起的随机通信。因此，传感器无需监听节点消息，只需在需要的时候上传数据，传感器在绝大部分时间内处于休眠状态。

（3）告警重传机制。为了系统的稳定设计，传感器在控制信道上报数据，设置了重传机制，即节点在控制信道收到数据时，会向传感器反馈确认信息，如图 4-4 所示。虽然这种方式增加了部分功耗，但大幅度提升了业务的可靠性。

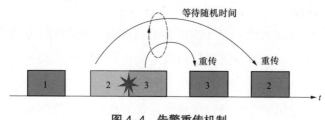

图 4-4　告警重传机制

数据链路层中的媒体接入控制层，用于处理逻辑链路的连接问题，媒体接入控制层至少包括以下功能：比特流排序、交互应答、接入控制、信道管理、组帧和时间同步、传输控制参数配置、链路地址分配。

数据链路层中的逻辑链路控制层只应用于控制层面，为媒体接入控制层提供逻辑链路的控制，逻辑链路控制层的主要功能是：连接的建立、维护和结束；连接方式的控制；数据包的顺序传输。

数据链路层在物理层提供服务的基础上向上层提供服务，数据链路层与物理层的帧结构关系如图 4-5 所示。

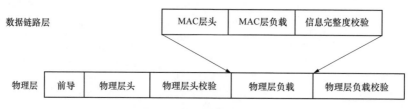

图 4-5　各层帧结构关系

传输数据采用帧结构作为基本单元，帧结构见表 4-1，物理层负载长度为 9~264 字节，用来记录物理层需要传输的数据。

表 4-1　　　　　　　　　　　物理层负载帧结构

字段名称	MAC 层头	MAC 层负载	信息完整度校验
字段长度	8 字节	0~255 字节	1 字节

MAC 层头由帧类型（MType）、通信信令指示（CC_Ind）、加密指示（Key_If）、MAC 层负载长度（Length）和传感终端 ID 等字段组成，见表 4-2。

表 4-2   MAC 层头结构

字段名称	帧类型	通信信令指示	加密指示	MAC 层负载长度	传感终端 ID
字段长度	4 比特	1 比特	3 比特	1 字节	6 字节

帧类型字段长度为 4 比特，具体可分为业务信道信息帧、控制信道请求帧、控制信道应答帧、控制信道应答终帧、突发数据帧、控制信道确认帧 6 种类型，同时也预留了 10 个未定义的类型作为保留备用。

通信信令指示用于指示 MAC 负载是业务还是通信指令，取值 0b1 表示是控制报文，取值 0b0 表示是通信指令，该指示只在控制信道应答帧或控制信道应答终帧中有效。加密指示字段表明发送的 MAC 层负载和信息完整度校验是否进行了加密，长度为 3 比特，取值 0 表示不加密，取值 1 表示加密；MAC 层负载长度字段定义了 MAC 层负载字段的字节长度，此字段长度为 1 字节，因此 MAC 层负载字段的长度为 0~255 字节。传感终端 ID 是传感终端设备在网络中的唯一标识，每个传感终端都会被分配一个唯一的传感终端地址，传感终端 ID 字段的长度为 6 字节。

本无线接入流程采用频分多址（Frequency Division Multiple Access，FDMA）技术，将频段分为业务信道和控制信道。在每个业务信道上，采用模糊时分多址（Time Division Multiple Access，TDMA）机制解决信息接入的问题。在每个信道进行详细的时间划分，配置相应的时间参数。可配置的时间参数类型及名称如表 4-3 所示，这些参数均可通过控制信道的接入过程进行配置。

表 4-3   时间可配置参数类型及名称

时间定义类型	参数名称	初值	
业务周期长度	Message_Cycle	5min	
业务周期时隙数	Time_Slot	200	
控制周期长度	Control_Cycle	1h	
等待回复周期	Wait_Cycle	470~510MHz	2.4~2.4835GHz
		150ms	30ms
连续帧发送间隔	Transmission_Interval	20ms	
最大随机扰动时长	Random_Pert	5ms	
延迟	Delay	—	

本协议采用模糊时隙同步的方案进行时间同步，减小传感终端的能耗。由汇聚节点将时间分段，再将每段时间平均分成多个时隙，且时隙的数量远远小于网络中传感终端的数量。同时，每个时隙的长度大于单个传感终端发送一次业务信息的时间长度，因此每个时隙可以容纳多个传感终端。时隙划分如图4-6所示。

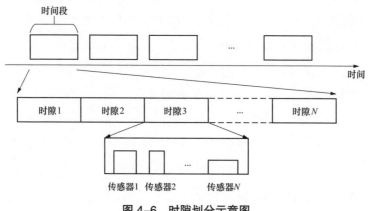

图 4-6　时隙划分示意图

3. 接入过程

汇聚节点中存储两个传感终端列表，分别为白名单和黑名单，初始化时两个名单均为空。接入初始化的过程如下：

（1）白名单记录汇聚节点完成注册的传感终端地址。当汇聚节点收到传感终端发送的消息，若传感终端的地址在白名单中，则进行正常的通信。

（2）黑名单中记录汇聚节点不进行信息转发的传感终端地址。当汇聚节点收到传感终端发送的消息，若传感终端的地址在黑名单中，则丢弃此帧。

（3）若汇聚节点收到既不在白名单也不在黑名单中的传感终端发送的业务信息，则汇聚节点认为该传感终端为新加入的传感终端。汇聚节点接收该传感终端的业务信息后，由上层决定该传感终端在当前汇聚节点中的黑白名单属性。

传感器的接入在业务信道和控制信道分别进行，业务信道和控制信道分别有一套接入过程。业务信道传输过程如图4-7所示。在业务信道的固定时隙，传感终端进行无回复的单向传输，完成业务信息的传输。具体流程如下：

传感终端在特定时隙从休眠状态中激活，监测业务信道，若为忙，则进入休眠状态，根据业务周期长度等待下一次激活；若为空闲，则随机退避一个时长后向汇聚节点发送业务信道信息帧，随后进入休眠状态，并根据业务周期长度等待下一次激活。汇聚节点一直处于等待接收状态，若成功接收到传感终端发送的业务信道信息帧，则保存该业务信息；若接收不成功，则丢弃该业务信道信息帧。

图 4-7　业务信道传输过程

控制信道请求与应答接入过程如图 4-8 所示，传感终端在固定的配置时隙被激活并向汇聚节点发送控制信道请求帧，然后进入等待接收状态，长度为等待回复周期（Wait_Cycle）。具体流程如下：

（1）汇聚节点在正确接收到传感终端发送的控制信道请求帧后，会与白名单中的传感终端地址进行匹配，若匹配成功，则汇聚节点向传感终端发送控制信道应答帧或者控制信道应答终帧；若匹配不成功，则汇聚节点继续处于等待接收状态。

（2）当汇聚节点需要回复的内容大于一帧的长度时则连续发送多帧，前 $N-1$ 帧发送控制信道应答帧（RSP），发送间隔为连续帧发送间隔（Transmission_Interval），最后一帧发送控制信道应答终帧（RSP_END）。

（3）传感终端每成功接收到一个控制信道应答帧（RSP）后，就进入下一个等待回复周期（Wait_Cycle），等待接收下一帧。

（4）传感终端成功接收到控制信道应答终帧（RSP_END）后，回复控制信道确认帧（ACK）。

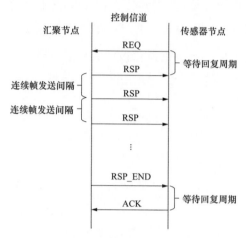

图 4-8　控制信道配置信息请求与响应过程

4. 轻量化流程对比

轻量化流程的初衷是为了降低传感器无线接入的功耗，通过研制符合流程的输变电场景下的微功率通信模组，并测试其性能和功耗，测试条件为 10min 上报一次，每次上报数据为 25 字节，得出如表 4-4 所示的数据对比结果。

表 4-4　微功率终端与传统终端的功耗对比

参数 ＼ 终端类型	标准化 LoRaWAN 终端	BLE 终端	ZigBee 终端	输变电微功率终端
平均发送功耗（μW）	3.02	16.5	3.30	1.32
平均待机功耗（μW）	4.60	1.32	1.09	0.44
平均休眠功耗（μW）	6.50	15.10	4.95	6.60
总功耗（μW）（平均）	14.12	32.92	9.34	8.36

从表 4-4 可以看出，微功率终端与标准 LoRaWAN 终端、BLE 终端以及 ZigBee 终端相比，平均总功耗都有大幅降低。比如，微功率终端与 LoRaWAN 终端相比平均功耗降低了约 40%，在相同的业务应用条件下，同等电池容量

几乎能够实现使用时间翻倍。

4.1.1.2 微功率传感器接入功耗控制技术

1. MAC 层接入功耗组成分析

MAC 协议的作用是在相互竞争的传感器之间分配有限的无线信道资源，以决定无线网络中信道的使用方式和网络性能，是保证整个传感器网络正常运行的关键技术。MAC 层协议的设计是控制功耗的关键。MAC 层中的能量损耗主要来自空闲监听、数据冲突、数据串扰、控制开销几个方面。

（1）空闲监听损耗。空闲监听会引起大部分无效能量损耗，且汇聚节点不知何时向网络中的传感器发送数据，所以传感器必须长时间处于活跃状态，保持接收模块正常工作。例如：需要传感器平均每秒向汇聚节点发送一次数据信息，其中数据信息是非常短的，传感器发送该信息需要 5ms 时间，从汇聚节点接收信息需要 5ms 时间，因此此时传感器的收发模块在大部分时间内处于空闲监听状态，而这些时间对于传感器来说是无意义的，会造成很大的能量浪费。

（2）数据冲突损耗。因为射频 RF 是一种广播性质的传输介质，位于网络中同一广播域内的两个节点，如果在相同时间内利用相同的信道传输数据，就会出现数据冲突，造成数据相互干扰，影响接收方的接收。而数据冲突重传会造成巨大的能量损耗，同时也增加了数据传输延迟，所以必须降低数据冲突的概率。

（3）数据串扰损耗。因为射频 RF 的广播特性，当某一个节点发送数据时，在广播域内的所有传感器都将接收到这个数据，并检查其是否是发送给自己的数据。若不是发送给自身的数据，则会选择丢弃，那么在这个处理过程中所损耗的能量就属于无效功耗。

（4）控制开销损耗。大部分 MAC 协议都需要节点相互交换控制信息，这些控制信息并不是应用型数据，对用户来说属于额外开销。尤其是在能量受限的传感器网络中，这些控制信息的交换损耗了很大一部分节点能量，所以在不影响协议性能的条件下，应当尽可能地去降低控制信息的比例。

基于以上讨论，为了降低功耗，可以运用载波侦听随机退避技术，大幅减少数据冲突和串扰；研究非对称的异步通信方式，使传感器在大部分时间内休眠，关闭发射机，消除无谓的空闲监听，同时这种轻量级的异步通信方式在控制信道简化交互流程，减少了控制开销。

2. 非对称异步通信技术

在传统的无线传感网中，传感器终端一般需要实时监听节点发送的消息，以实时对节点的指示做出回应。然而在输变电场景中，如温度、温湿度传感器，大部分时间无需上传数据，且上传数据有周期性和突发性。若传感器以实时数据发送的方式工作，则会消耗大量的能量，缩短使用寿命。因此，基于点对多点 ALOHA 通信机制（20 世纪 70 年代初研制成功一种使用无线广播技术的分组交换计算机网络，也是最早最基本的无线数据通信协议）与低功耗业务需求，采用了非对称的异步通信方式，可以使传感器按照自己的需求，只有需要上传数据的时候才开启发射机进行工作状态，其余 99% 的时间处于休眠，以达到大幅降低平均功耗的目的。ALOHA 通信机制是指只要用户有数据需发送就及时发送，由于广播信道具有反馈性，因此发送方可以在发送数据的过程中进行冲突检测。若数据帧遭到破坏，则等待一段随机时长后重传。

基于 ALOHA 通信机制以及输变电低功耗的需求，采用了上下行非对称的异步通信机制，如图 4-9 所示。主要包含两方面内容：一是在业务信道设计单向上报机制，通过传感器发起随机通信，传感器则不需要监听节点消息，绝大部分时间内可以处于休眠状态，降低传感器功耗；二是在控制信道设置触发式双向通信机制，传感器发起周期性控制请求通信，基站在控制信道应答实现双向通信，支持对传感器的参数配置。

图 4-9　非对称异步通信

节点与传感器的交互流程如图 4-10 所示。在业务信道，主要以传感器周期性单项上报数据为主，由于不同的传感器对业务周期的需求不同，所以节点侧不做统一配置。在每个业务信道上，通过采用模糊时分多址（TDMA）机制来解决信息接入问题。传感终端随机发送业务信道信息帧，当汇聚节点接收到业务信道信息帧后，记录接收到的时间。

在控制信道，传感器和节点之间支持双向配置，在控制信道内多种类型帧的组合使用下，使得双向配置能够有序进行，具体功能如下：

（1）控制信道请求帧（REQ）是在控制信道中传输的一种帧的类型，其功能主要为发送端以一定的传输规则向接收端发送信息并请求回复，发送端会根据需求将数据写入请求数据类型字段。

（2）控制信道应答帧（RSP）是在控制信道中传输的一种帧的类型，其功能主要为接收端在接收到控制信道请求帧后，根据控制信道请求帧的信息类型字段向发送端回复控制信息，通信指令和控制报文不能在同一个的 RSP 帧或控制信道应答终帧（RSP_END）内传输。

（3）控制信道应答终帧（RSP_END）为控制信道应答帧的扩展，当发送端回复控制信道应答帧时，表明发送端发送的信息还没有结束，此后还会有信息发送；当发送端回复控制信道应答终帧时，表明此次发送的信息已经结束，此后没有新帧发送。

（4）控制信道确认帧（ACK）是在控制信道中传输的一种帧的类型，其功能主要为接收端在接收到需要确认回复的帧后，向发送端发送控制信道确认帧进行确认。

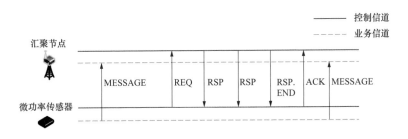

图 4-10　节点与传感器交互流程图

通过以上介绍的各种帧的组合使用，汇聚节点在接收到传感终端的控制信道请求帧（REQ）后，将保存在汇聚节点的延迟参数、业务周期长度参数和控制周期长度参数记录在控制信道应答帧（RSP）中回复给传感终端，传感终端收到控制信道应答终帧（RSP_END）后得知此次信息结束，向节点回复控制信道确认帧（ACK）。综合这些帧的组合使用，使得控制信道的双向配置可以有序进行。

4.1.1.3　微功率传感器大容量接入技术

要实现大容量的终端接入，最主要的是在随机接入的过程中，尽可能减少或避免不同终端的信息同时发送而产生碰撞。因此，基于二进制指数退避算法（Binary Exponential Back-off，BEB），采用自适应 BEB 算法，在载波侦听随机退避机制中使用该算法进行退避。即在传感终端向节点发送数据前会侦听信道，若信道忙碌则进入休眠，依据业务周期长度等待下一次激活；若为空闲，则经过自适应 BEB 算法退避之后发送业务信道信息帧给汇聚节点，然后进入休眠状态，依据业务周期长度等待下一次激活，通过这种方式实现了数据的大容量接入。

1. 传统 BEB 算法

二进制指数退避算法，是一种简单且有效的冲突分解算法模型。该算法是指卷入冲突的终端所选择重发延时的大小与该终端的重发次数构成二进制指数关系，即如果冲突终端重发次数增加，退避时延则按 2 的指数增大。其算法时延如下：

在系统出现冲突时，出现冲突的终端数必须在算法提供的窗口范围内任意选择一个值 Σ，这个任意值就是该终端再重发信息前必须略过的时隙数。若用 t_σ 表示节点的退避延时值，算法可用式（4-1）描述：

$$\Sigma = \mathrm{random}\left[0, 2^n\right]$$
$$t_\sigma = \sigma \cdot \tau$$

（4-1）

式（4-1）中，τ 是与网络有关的时间常数。在一次冲突分解完毕后，判断各个终端冲突分解是否成功。冲突分解不成功时，冲突的终端必须进行下一次分解。

2. 自适应算法

传统的 BEB 算法不但会造成终端间的不公平现象，而且传感器只根据自身感知的冲突情况进行退避值的选择，从而忽视了网络负载的情况，这就会在一定程度上引起过小或过大的退避。过小的退避会造成新的碰撞，过大的退避则浪费信道资源，这些都会带来网络性能的恶化。因此，需要研制窗口大小自适应化的改进 BEB 退避算法。

传统的 BEB 算法中碰撞后窗口乘 2 的法则不能很好地解决冲突碰撞问题，而改进的自适应 BEB 算法则可以依据冲突概率的变化，自适应增大或减小退避窗口值，该算法的描述如下：

（1）当终端接入信道时，把 N_1 和 N_2 都初始化为 0。在终端发送数据时，首先要接入信道前持续侦听信道空闲时隙，若在该时隙内持续空闲，则在竞争窗口中任意选择一个退避值进行退避。

（2）信道能量变化被网络中其他终端感知，如果接收功率值超过门限制，且因为冲突不能正确接收，所以认为此时发生碰撞，对全网冲突次数变量 N_2 将执行加 1 操作。终端在发送、接收、感知信道冲突时，将对全网发送数据变量 N_1 执行加 1 操作。

（3）全网冲突概率可以通过 N_2 和 N_1 的比值得到，且可以反映出整个网络的忙闲状态。根据全网冲突概率自适应选择退避窗口的大小，当网络处于较忙状态，全网冲突概率增大，当其值大于冲突门限时，相比传统的乘 2 机制通过继续增大退避窗口值来降低退避的发生。改变后的窗口值为 2CW+（$ratio$-CT）100（其中，$ratio$ 是冲突概率变量，CT 是冲突门限，为常量），则可以根据 $ratio$ 相较于门限 CT 的大小，自适应地增减退避窗口值。

经过改进后的 BEB 算法相比于传统的 BEB 算法，提升之处在于，可以针对不同的网络负载大小，即接入传感器的数量的变化，自适应地调整退避窗口的大小，以匹配不同的需求。

3. 基于自适应 BEB 算法的载波侦听随机退避技术

针对输变电场景的特殊应用环境，设计 MAC 层协议时必须处理大量传感器数据突发造成的数据包冲突问题。无线传感网中 MAC 层协议的设计与具体应用密切相关，在网络中有大量传感器数据突发的情况下，若每个汇聚节点所含传感器数目过多，就容易产生消息碰撞。碰撞的发生不仅给网络的能耗增加负担，也会增加数据传输的延时，影响最终接入节点所获得的数据的准确性。为了减小数据冲突概率，确保点和点间传输的可靠性，可以采用载波侦听随机退避的信道接入机制，使用空闲信道评估（Clear Channel Assessment，CCA）区分数据情况，载波侦听随机退避实现流程如图 4-11 所示。

传感器一般会采用周期性休眠和唤醒机制来降低功耗，信道质量评估会在传感器醒来后进行，若信道是空闲状态，任意选择一个退避时间后开始数据传输。载波侦听随机退避技术有效减少了传感器和汇聚节点通信时的消息碰撞次数。但考虑到实际系统实现时，网络内会部署很多的传感器，若多个传感器同时醒来，发送本传感器的数据给汇聚节点，传感器会检测到信道始终处于非空闲状态而无法进行数据传输，传感器很可能需要进行多次退避才可成功发送消息。这种情况会增加传感器能耗负担，而且一个汇聚节点中存在的传感器越多，平均退避时间就越长。

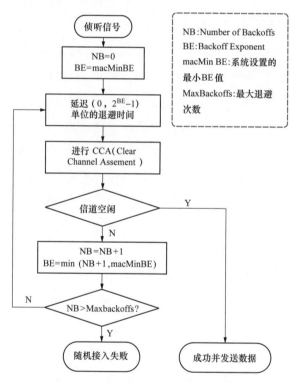

图 4-11　载波侦听随机退避实现流程图

由于汇聚节点需要汇聚并转发来自传感器发来的信息，同时自身也要发送数据，所以汇聚节点处会出现网络吞吐量的瓶颈。若传感器和汇聚节点采用相同的随机退避单位时间，则汇聚节点获得信道的概率和传感器获得信道的概率也是相同的，这样汇聚节点处会造成数据累积，从而造成系统丢包率的上升，系统的可靠性会降低。因此，需要对汇聚节点和传感器的随机退避单位时间进行设计，以确保汇聚节点有更多的机会接入信道来均衡网络负载。

假设传感器的随机退避单位时间为 BU_{leaf}，则汇聚节点的随机退避单位时间为：

$$BU_{\text{ch}} = \frac{BU_{\text{leaf}}}{f(N)} \qquad (4-2)$$

式中，N 是该汇聚节点下的传感器数，$f(N)$ 是 N 的函数。为降低复杂度，考虑到每个汇聚节点下的传感器个数是有限的，采用对应方式设置 $f(N)$ 的值。

首先，依据 BEB 算法提出的退避时间算法模型，假定传感器在成功发送消息前需要进行 i 次信道接入尝试，且竞争窗口序列为 $\{CW_1, CW_2, CW_3\}$，这 i 次的退避时间为 $\{B_1, B_2, B_3\}$。那么，$E[B]$ 即为平均退避时间，可以从式（4-3）计算得到 $E[B]$：

$$E[B] = \frac{1}{2}\left(E[CW] - 1\right) \qquad (4-3)$$

从式（4-3）可知，只需求得的 $E[CW]$ 的值即可。可以采取迭代的方法对 $E[CW(i)]$ 序列进行计算。在系统中，载波侦听随机退避机制的信道接入采用的是"p-坚持理论"，p 为节点接入信道的概率。如果进行 i 次退避时节点以概率 $p^{(i)}$ 发送消息，可以得到：

$$p^{(i)} = \frac{2}{1 + E\left[CW^i\right]} \qquad (4-4)$$

当一个汇聚节点内存在 M 个传感器时，两个传感器发送消息时产生碰撞的概率为：

$$p_{coll}^{(i+1)} = 1 - (1 - p^{(i)})^{M-1} \qquad (4-5)$$

由于载波侦听随机退避机制中，传感器尝试接入信道失败后，下一次的退避时间会增加，所以 $CW_3 > CW_2 > CW_1 > CW_0$，结合式（4-5）可以看出，$M$ 值越大，$E[B]$ 也越大，即传感器平均退避时间越长。

通过以上分析，当网络中传感器数目太多时，为了减少单个传感器成功接入信道需退避的次数，可以在节点和传感器完成时间同步后，基于时隙划分机制进行载波侦听随机退避过程，如图 4-12 所示。汇聚节点依据自己所在子网络中传感器节点的数目将一个通信周期进行等分，传感器随机选取其中的一个时隙和汇聚节点进行通信。采取随机方式的目的是减少控制信息带来的额外消耗。然而传感器同时醒来后发生竞争信道的情况是不可避免的，所以在随机接入信道时隙时间后加入一段竞争时间以解决该问题。

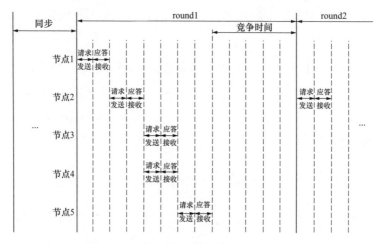

图 4-12　基于时隙的载波侦听随机退避机制

对上文提到的载波侦听随机退避动态单位退避时间算法进行仿真，仿真传感器为 90 个，汇聚节点为 12 个。传感器无线发射波特率为 150kbit/s，发射功率设置为 3dBm。该仿真模拟的是一个 3D 立体场景，空间大小约为 20m×20m×5m，障碍物损耗为 25dB。传感器每隔 1min 采集数据并上传给汇聚节点，汇聚节点收集数据汇集成 16 字节长度的数据帧供监控站调度查看。每组仿真传感器都随机设定其发包速率，在此基础上比较系统采用不同载波侦听随机退避动态单位退避时间算法的吞吐量大小，图 4-13 中 $f(N)=1$ 表示的是汇聚节点与传感器间采用固定的单位退避时间。

从图 4-13 中可看出，采用动态的单位退避时间机制，载波侦听随机退避算法可进一步降低数据包发送时的碰撞概率，在提高通信可靠性的同时也降低了能量损耗。而且由于各传感器成功接入信道的概率变大，从整体系统方

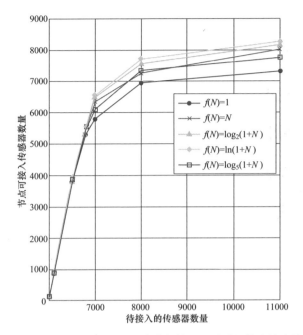

图4-13 载波侦听随机退避动态单位退避时间算法仿真结果

面来说，系统负载可以比较均衡地分配到网络的各个节点和传感器，因此整个网络的吞吐量也得到了提高。相比于采用固定的单位退避时间机制，其他随机的动态退避算法性能都更加优异。并且，系统采用 $f(N)=\ln(1+N)$ 退避机制时吞吐量最高，相对 $f(N)=1$ 的情况系统吞吐量提高了约12.5%。

4.1.2 低功耗传感器无线接入技术

本小节低功耗传感器无线接入技术中主要介绍基于时隙调度的低功耗传感器大容量终端接入技术，以及定时休眠技术和大数据包传输技术。

低功耗传感器有海量终端接入和平均通信功耗小于 $10\mu W$ 的需求，针对这些需求，本书采用TDMA的时隙调度机制，如图4-14所示。在每个时隙内，规定了节点与传感器数据上下行的数据类型，按照协议的要求进行数据交互。

4.1.2.1 低功耗传感器大容量终端接入技术

为了实现2000个以上低功耗传感器的可靠接入，节点和传感器之间严格遵守调度机制，双方经过一个完整的接入和调度过程完成接入。

采用节点广播（Broadcast Channel，BCH），使各低功耗传感器通过扫频

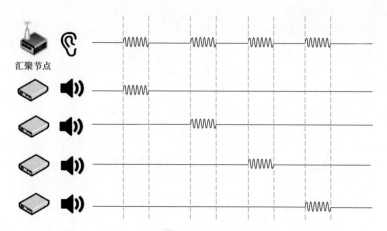

图 4-14　基于 TDMA 的时隙调度机制

技术选择其周围最优的节点进行接入。传感器选择准备接入的节点后，接收该节点的下行帧，并对专用控制信道（Dedicated Control Channel，DCCH）进行组包，解析所有的调度信息来了解后续的上行共享信道（Uplink Shared Channel，USCH）在上行帧中的分布情况，随机选择上行帧中剩余的时隙，按照协议组成上行随机信道（Uplink Random Channel，URCH）上行帧进行接入请求。URCH 接入请求帧结构如表 4-5 所示。

表 4-5　　　　　　　　　URCH 接入请求帧结构表

主地址	信息类型	从设备标识	设备类型	资源请求	业务上报周期
2 字节	1 字节	6 字节	1 字节	1 字节	3 字节

　　汇聚节点收到该接入请求后，对设备标识进行判断，若该设备标识合法，则在下一帧的 DCCH 中反馈给该传感终端注册成功应答，并分配通信地址进行接入。接入成功后，节点根据传感器业务上报周期，可以给传感终端分配相应的 USCH 信道资源，即将上行帧进行划分，将信道资源按需求分给若干个传感终端，使其在各自不同的 USCH 中进行业务上报。这样不会互相串扰，提升了数据的传输效率，为大数据包的分片传输打好了基础。

　　针对波形类传感器数据传输可靠性要求高、单次发送时间长、极易发生碰撞的特点，采用低延时动态时隙调度技术，可以精准控制数据上传时隙，减少传感器数据碰撞概率与平均排队等待时间。

1. 静态时隙分配

根据设备类型、状态量劣化程度、业务类型等因素不同，设置相应权重，构建优先级评估函数，对于高优先级业务类型分配静态固定时隙，如图4-15所示，确保其数据的及时可靠上传。

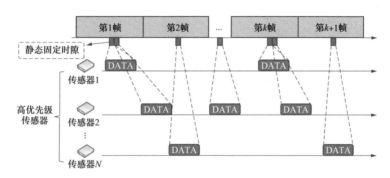

图 4-15　静态时隙分配示意图

2. 动态时隙调度

对于剩余时隙结合数据重构技术进行统一动态调度，使传感器数据的平均排队等待时间最小化。如图4-16所示，自适应时隙调度的传感器数据延迟相比无统一调度的传感器数据延时大幅降低。

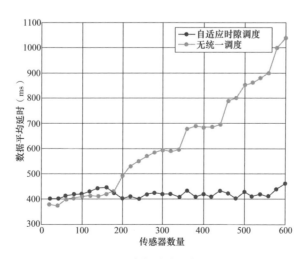

图 4-16　动态时隙调度平均延时

除了传感器自身请求接入的方式，还采用了一种预分配注册的接入方式。在起始组网阶段，若节点具备传感器的设备标识，可以提前分配通信地址，并在 DCCH 中将通信地址反馈给该传感器，而不需要传感器自身发送接入请求的数据帧。使用这种方式可以大大提升接入效率，大幅减少了接入时间。若在起始组网阶段，被提前分配通信地址的传感器未能成功接入，则安排在后续与其他未接入网络的传感器通过 URCH 的方式请求接入。

4.1.2.2　DRX 定时休眠技术

为了降低传感装置的功耗，最直接的方式是休眠。针对无线传感网中节点和传感器的工作时间不统一、周期差异性大等问题，采用全域节点同频休眠技术，通过接入节点统一调度传感装置的工作与唤醒时间，让相同上传周期的传感器同频休眠；在保证感知数据回传及时性前提下，节点设备逐跳协作休眠，达到传感装置工作占空比最小化。

1. 基于时隙调度的 DRX 机制

DRX（Discontinuous Reception）即非连续接收，是指终端仅在必要的时间段打开接收机进入激活态，用以接收下行数据，而在剩余时间段关闭接收机进入休眠状态，停止接收下行数据的一种节省终端电力消耗的工作模式。

图 4-17 显示了 DRX 的周期性。在 DRX 的模式下，终端经过节点的调度，周期性地开启接收机，并在之后的一段时间内持续侦听节点可能发来的信令，这段时间称为接通持续时间。允许终端在调度时间之前若干帧之内提前醒来，可以让传感器有足够的时间采集数据并准备发送。同时，这样的容错机制可以防止终端错过其与节点约定的下一次带有该终端调度信息的BCH。

图 4-17　DRX 周期

图 4-18 显示了节点向若干个终端发送 DRX 调度信息，终端接收调度并在发送完业务数据后进行休眠的过程。可见终端 1 与节点约定的醒来时间为 T_3，即在 T_3 时刻节点会再一次下发该终端的调度信息。由于传感器采集数据需要一定的时间，并且为了防止终端 1 错过下一次的调度信息，因此允许其在 T_3 时刻之前醒来。醒来后的传感器完成数据采集工作，并将数据存储在缓冲存储器（buffer）中，终端模组则等待着自己的调度信息，当收到的 BCH 中所解析出的帧数与上一次收到 DRX 调度时 BCH 帧数之差等于调度信息中的休眠时长时，则开始接收并解析该帧中新的调度信息，随即按照调度信息上传数据并进行下一次的休眠。

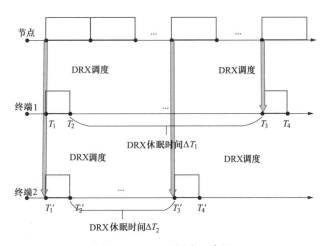

图 4-18　DRX 调度示意图

2. 休眠时钟 RTC

终端在休眠过程中，默认只开启一个外设实时时钟（Real Time Communication，RTC）做定时功能，以达到休眠时间结束时立即醒来的目的，其他外设均关闭，以达到节能的目的。

微控单元（Microcontroller Unit，MCU）中的 RTC 外设，实质上是一个掉电后还继续运行的定时器。从定时器的角度来看，相对于通用定时器（Time Base Init，TIM）外设，其功能十分简单，只有计时功能（也可以触发中断）。

掉电是指在电源 Vpp 断开的情况下，为了使 RTC 外设在掉电后仍可以继续运行，必须给 MCU 芯片通过电池电压 VBAT 引脚接上锂电池。当主电源

VDD 有效时，由 VDD 给 RTC 外设供电。当 VDD 掉电后，由 VBAT 给 RTC 外设供电。不论通过什么电源供电，RTC 中的数据都始终存储在 RTC 的备份域中，如果主电源和 VBAT 都掉电，则备份域中存储的所有数据都会丢失。RTC 是一个只能向上计数的 32 位计数器，有三种可使用的时钟源，分别为：①高速外部时钟的 128 分频：HSE/128；②低速内部时钟 LSI；③低速外部时钟 LSE。其中，低速外部时钟 LSE 被广泛应用到 RTC 模块。

图 4-19 中浅灰色区域属于备份域，当 VDD 掉电时可以通过 VBAT 的驱动继续运行。这部分只包括 RTC 的计数器、分频器和闹钟控制器。如果 VDD 电源有效，则 RTC 可以触发 RTC_Second（秒中断）、RTC_Overflow（溢出事件）和 RTC_Alarm（闹钟中断）。从图 4-19 可知，无法将定时器溢出事件配

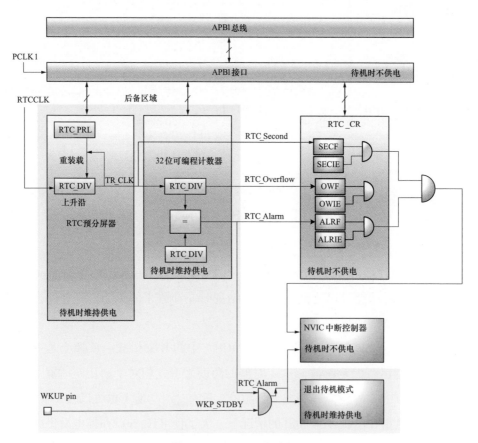

图 4-19　RTC 工作过程

置为中断。若 STM32 原来就是待机状态，可由闹钟事件或 WKUP 事件（外部唤醒事件，属于 EXTI 模块，不属于 RTC）使它退出待机模式。闹钟事件是在计数器 RTC_CNT 的值和闹钟寄存器 RTC_ALR 的值相等时触发。

因为 RTC 的寄存器是属于备份域，所有寄存器都是 16 位。计数 RTC_CNT 的 32 位由 RTC_CNTL 和 RTC_CNTH 两个寄存器组成，分别保存计数值的低 16 位和高 16 位。在配置 RTC 模块的时钟时，把输入的 32768Hz 的 RTCCLK 进行 32768 分频得到实际驱动计数器的时钟 TR_CLK=RTCCLK/32768=1Hz，计时周期为 1s，计时器在 TR_CLK 的驱动下计数，即每秒计数器 RTC_CNT 的值加 1。

备份域使得 RTC 具有了完全独立于 APB1 接口的特性，故访问 RTC 寄存器时要遵守一定的规则：系统复位后，禁止访问后备寄存器和 RTC，以防对后卫区域（BKP）的意外写操作。执行以下操作可以访问后备寄存器和 RTC：

（1）设置 RCC_APB1ENR 寄存器的 PWREN 和 BKPEN 位来使能电源和后备接口时钟。

（2）设置 PWR_CR 寄存器的 DBP 位使能对后备寄存器和 RTC 的访问。设置为可访问后，在第一次通过 APB1 接口访问 RTC 时，必须等待 APB1 和 RTC 外设同步，保证读取的 RTC 寄存器值是正确的。若在同步后，一直没有关闭 APB1 的 RTC 外设接口，就不用再次同步了。

若内核需对 RTC 寄存器进行任意写操作，在内核发出写指令后，RTC 模块在 3 个 RTCCLK 时钟之后，才进行正式地写 RTC 寄存器操作。RTC_CLK 的频率比内核主频低得多，所以必须要检查 RTC 关闭操作标志位 RTC_OFF。当此标志被置 1 时，写操作才正式完成。

3.休眠机制小结

依托于使用了 TDMA 的时隙调度机制，节点在同一帧内可以对多个终端进行 DRX 调度。按照协议的设计，一个 DCCH 中至多可对 31 个设备进行调度，同时一个下行帧中可以包含多个 DCCH 信道，则可实现同时调度海量的低功耗传感器进行休眠，使得休眠效率大大增加，减小了网络开销且降低了功耗。

4.1.2.3 大数据包传输技术

数据压缩技术：在低功耗传感器的工作过程中，能量消耗最大的部分就是射频信号发射部分，即发射机开启。同时，低功耗传感器的业务数据量通常较大，达到百千字节级别，对于窄带系统传输压力较大。因此，有必要对业务数据进行压缩以减轻发送的负担，尽量缩短发射机的开机时间。

（1）数据压缩原理。

数据压缩是指在不丢失信息的前提下，缩减数据量以减少存储空间，提高其传输、存储和处理效率的一种技术；或者指按照一定的算法对数据进行重新组织，减少数据冗余和存储的空间。

传统的数据压缩技术，按统计特性可分为熵编码、预测编码、变换编码、矢量量化编码等方法。区别于传统数据压缩，基于数据稀疏原理的压缩感知理论（CS 理论）能够通过分析数据间的稀疏性和关联性，来减少冗余信息，达到降低数据存储和传输代价、降低数据处理时间和减少计算成本的目的，基本流程如图 4-20 所示。

图 4-20　压缩感知理论的基本流程

针对输变电场景，数据压缩是一个很合适的预处理手段，并且大业务量的低功耗传感器数据存在大量的冗余，为压缩提供了可能性。

（2）数据压缩编码算法。

使用传统的数据压缩技术对传感器业务数据进行压缩，如霍夫曼编码，是一种经典的熵编码方式，该压缩技术是无损压缩。根据 ASCII 码的规定，用 8 比特代表一个字符，但是如果提前知道了文件中各个字符出现的频率，就可以对这些字符重新编码。对于出现频率高的字符用较少的比特表示，对于频率较低的字符用较多的比特表示。由于使用频率高的字符为字符集的子集，从总体上来说，还是减少了总共需要的比特数，达到了压缩的目的。

使用霍夫曼编码进行压缩，首先要扫描整个业务数据，统计每个字符的频率，然后根据频率建立霍夫曼树，由霍夫曼树可以得到每个字符的编码，如图 4-21 所示。由于频率高的字符在霍夫曼树中离根更近，它们的霍夫曼编码长度更短；相反，频率低的字符的编码更长。最后，用霍夫曼编码替换原文件中的字符。建立霍夫曼树的步骤如下：

1）将所有的字符看成仅有一个节点的树，节点的值是字符出现的频率。

2）从所有树中找出其中值最小的两棵树，并为它们建立一个父节点，从而构成一棵新的树，父节点的值为两棵子树的根节点值的和。

3）重复步骤 2），直到得到最后一棵树，即霍夫曼树。

得到霍夫曼树即可进行霍夫曼编码。在霍夫曼树的所有父节点中，到左子树的路径上标 0，到右子树的路径上标 1。对于每个传感器，从根节点到它的路径就是一个 0 和 1 构成的序列，这就是传感器字符的霍夫曼编码。显然，霍夫曼编码是一种变长编码，有效减小了冗余，降低了数据传输的压力。

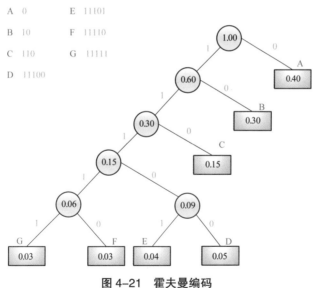

图 4-21 霍夫曼编码

霍夫曼编码和解码的双方需要制定一份字典，终端处将带发送的业务数据按照字典进行编码以缩小数据量，节点处接收到编码压缩后的业务数据，按照字典进行解码还原该数据。字典需要定期更新，以适配更多不同类型的传感器。

在压缩感知理论中，数据的稀疏表示是先验条件，即保证数据能够在任意一个基上被稀疏表示。假设数据 $x(x \in R^N)$，长度为 N，基向量为 $\psi_i(i=1,2,\cdots,N)$，数据 x 可以被分解成原子的叠加，如图 4-22 所示。

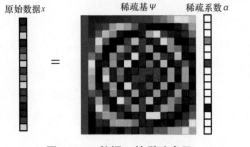

图 4-22　数据 x 的稀疏表示

$$x = \sum_{i=1}^{N} a_i \psi_i = \psi \alpha \tag{4-6}$$

式（4-6）中，x 是数据在时域的表示，α 是数据在 ψ 域的表示，称为稀疏系数，可表示为式：

$$\alpha_i = \langle x, \psi_i \rangle \text{ or } \alpha = \psi^T x \tag{4-7}$$

若 α 的系数值经排序后按指数级衰减并趋于 0 时，即称数据 x 是在变换基 ψ 上是严格稀疏的。而实际情况无法与此完全匹配，因此规定当信号 x 在某个变换基 ψ 上仅有 $k \ll N$ 个非零系数或者远大于零的系数 α_i 时，即可称数据 x 是稀疏的。此时 ψ 被称为稀疏基，k 称为稀疏度。

为了达到较好的稀疏效果，稀疏系数 α 与稀疏度 k 需满足式（4-8）：

$$|\alpha|(k) \sim k - r, \text{for some } r > 1 \tag{4-8}$$

数据的稀疏表示是决定数据 CS 效果的基本条件，通过稀疏变换降低了数据维数，有利于 CS 重构算法的建模。

若数据 x 在稀疏基或者字典上可被稀疏表示，则表明数据 x 是稀疏的或者可压缩，此时可以直接通过降维方程（4-9）获得压缩数据，并且未损失重要信息：

$$y = \Phi x = \Phi \Psi \alpha \tag{4-9}$$

CS 并不是直接测量稀疏信号 x 本身，而是将 x 投影到一组与稀疏基不相关的 $M \times N$（$M=N$）测量矩阵 $\Phi = [\phi_1, \phi_2, k, \phi_M]$ 上面，从而得到测量值 y，如式

（4-10）所示：

$$y_1 = \langle x, \phi_1 \rangle, y_2 = \langle x, \phi_2 \rangle, k, y_M = \langle x, \phi_M \rangle \tag{4-10}$$

最终得到的测量值 y 是一个 M 维向量。N 维原始数据 x 通过 $\alpha = \psi^T x$ 计算得出完整的稀疏系数集合 $\{\alpha_i\}$，确定 k 个大系数的位置，然后删除 $N-k$ 个小系数，对 k 个大系数的值以及位置进行编码，使原始数据从 N 维降到了 M 维，达到压缩的目的。

由于数据 x 是稀疏的，因此式（4-9）又可以表示为：

$$y = \Phi \psi \alpha = \Theta \alpha \tag{4-11}$$

式（3-14）是数据测量编码的另一种表示方式，Θ 为 CS 信息算子，是一个 $M \times N$ 矩阵，如图 4-23 和图 4-24 所示。

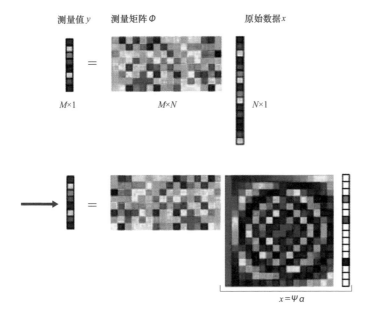

图 4-23 测量值 y 的表示

通过数据的测量编码，将原本局部的、相干的数据结构转换成了全局的、不相干的测量值。为了在数据的重构阶段能从一系列的测量值中获得合适的逼近性能，因此测量矩阵的列向量必须满足一定的线性独立性，使测量数据列向量体现某种类似噪声的独立随机性。

此外，由于式（3-9）和式（3-11）中的方程个数远小于未知数个数，方

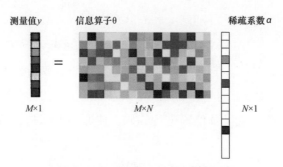

图 4-24　测量值 y 的另一种表示

程没有唯一解，无法重构数据。但是原始数据是稀疏的，若使 Θ 满足限制等距特性（Restricted Isometry Property，RIP），即对于任意 k 稀疏数据 x 和常数 $\delta_k \in (0, 1)$，CS 信息算子 Θ 满足：

$$1-\delta_k \leqslant \frac{\|\Theta x\|_2^2}{\|x\|_2^2} \leqslant 1+\delta_k \tag{4-12}$$

则稀疏系数的 k 个系数能够从 M 个测量值中准确重构，实际应用中只要测量矩阵 Φ 和稀疏基 Ψ 不相关，则 k 个系数能够从 M 个测量值中准确重构。其中，测量矩阵 Φ 选用随机矩阵，如高斯矩阵、傅立叶矩阵、伯努利矩阵等。

为了从式（4-9）和式（4-11）中精确重构原始数据，需要求解如下所示的 0 范数问题：

$$\min_x \|x\|_{L_0} \quad \text{s.t.} \quad y = \Phi_x \tag{4-13}$$

0 范数问题的求解复杂度较高，开销太大。为了更简便求解上述问题，可以采用光滑函数逼近 0 范数，从而将问题转换为光滑函数的极值问题。采用这种方法转换后的数据重构问题变为式（4-14），即 1 范数问题。

$$\min_x \|x\|_{L_1} \quad \text{s.t.} \quad y = \Phi_x \tag{4-14}$$

如图 4-25 所示，（a）中的点 s 为原始的 N 维数据，（b）为直接求解 0 范数问题的重构值 $\hat{s}$，与实际的原始数据 s 误差较大，（c）为转换到 1 范数问题求解的重构值 $\hat{s}$。该方法的计算复杂度低且误差更小，可见该重构算法具有优越性。该算法根据原始数据本身的稀疏度，其压缩率会有较大的波动，整体网络的压缩率可稳定在 40%~60%。

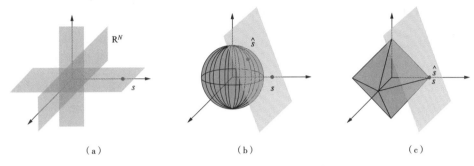

（a） （b） （c）

图 4-25 两种 0 范数问题求解结果对比图

综上所述，使用传统的压缩算法，如霍夫曼编码，可以有效地减小传感器的数据冗余，降低数据传输的负载，但缺点是如果传输时发生误码或丢包的情况，会对后续的数据重构造成很大的影响。使用压缩感知理论进行数据压缩，充分分析数据内部的稀疏性和相关性，进行编码、传输、储存并在节点侧进行数据重构，虽然计算复杂度相比传统压缩算法高一些，但数据压缩率和重构的鲁棒性也有了大幅提升。

4.2 WSN 灵活组网技术

针对输变电无线传感网的分钟级自组网、多跳传输等需求，本书对无线传感网灵活组网技术进行了讨论。本节主要讨论无线传感网组网的流程设计，并研究了无线传感网快速组建技术、多跳传输方法。

4.2.1 无线自组网技术需求分析

目前成熟的 4G、5G 等技术适用于移动通信领域，能够解决众多通信问题，同时也有其局限性，其缺陷主要有以下两点：

（1）蜂窝网络传输信息成本高，蜂窝状小区通信的方式应用于线性拓扑网络中，大部分能量被浪费。

（2）输电线路大跨度远距离的特性使得通信系统受到小区半径的限制。

基于以上两点，输变电应用场景单纯采用蜂窝结构网络的成本太高，并不实用。此外，若采用传统的自组织通信技术，信息时延要求难以得到保证。

为满足信息时延要求，输变电场景中采集的数据根据性质不同，有多个 QoS 的划分。一般来说有以下三种：

（1）一般的监控数据。此类数据对时延不敏感，一般为周期性采集传输。

（2）紧急突发事件的监控数据。此类数据需要及时传输到控制中心，对延时要求很高。

（3）应用需要数据。根据实际需要获取输电线路上的信息数据，一般对延时要求较高。单纯的自组织网络则没有考虑输变电监测系统中采集的数据之间的不同，因而不能提供很好的监控服务。

输变电应用场景中，各类传感器具有不同的业务特点，需要综合分析各类传感器的采样周期、采样频率、数据吞吐量等技术参数，设计面向输变电业务的无线自组网技术方案。输变电场景的高压环境不适合对传感器网络进行手动配置。所以需要无线传感网具有自组网能力。在自组织网络中，网络节点之间的通信通过节点多跳实现，任意节点离开和加入都不会影响其他节点间的通信，可以实现输变电业务的高效传输和灵活配置。

4.2.2 无线传感网组网流程

无线传感网的自组网过程包括邻居发现、拓扑控制、网络建立三部分，如图 4-26 所示。首先需要进行邻居发现，也就是发现相邻节点与自己的链路质量和角度关系等信息，然后将这些信息作为参数，根据不同的建网目标设计不同的计算方式，并根据计算结果控制网络拓扑结构的建立。由于无线自组网中的设备工作状态可能发生变化，所以在网络建立之后可能也需要再次进行邻居发现以及拓扑控制，确保新节点加入网络或者网络中的节点关机失去连接时，其他节点可以及时的发现链路状态变化并进行动态调整。

图 4-26　无线传感网自组网过程

在网络层协议中首先设计网络层协议栈总体结构和与媒体接入控制层的访问接口，然后基于总体架构设计了网络层帧与媒体接入控制层数据帧的映射关系。其设计了网络层帧结构、帧类型在帧头的定义以及帧类型，通过不同类型的网络帧实现节点下属架构变化上报等功能，并以此作为网络建立和路由的基础。传感器与节点间通信宜只采用 MAC 层报文而不采用网络层报文。输变电设备物联网节点设备无线组网协议遵循通用分层结构，如图 4-27 所示，在标准定义的 3 层模型分层结构中 NWK 处于最顶层，与媒体接入控制层通过媒体接入控制层访问接口连接。

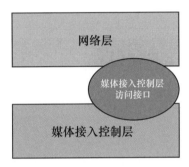

图 4-27 输变电设备物联网节点设备无线组网协议栈

网络层帧由网络层帧头和网络层负载构成，属于媒体接入控制层帧的数据链路层负载，其结构映射关系如图 4-28 所示。

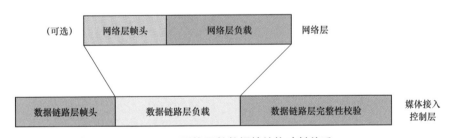

图 4-28 网络层数数据帧结构映射关系

通用网络层帧结构承载在 DSCH 和 USCH 信道上，对应为通信数据字段。网络层帧结构由网络帧类型、接入节点款口号、末端汇聚节点 EID、末端传感器 EID 及网络层负载组成。

1. 网络帧类型

网络帧类型定义了 6 种类型的网络帧，具体如表 4-6 所示。全网广播指示是表示该帧属于全网广播的信息或是端到端的信息，其只在网络层进行广播，只广播到汇聚节点，无需广播给传感终端；上下行指示是表示该帧属于上行数据传输还是下行数据传输；指令／数据指示是表示负载属于网络层指令还是数据；末端汇聚节点 EID 指示是表示有无汇聚节点 EID；末端传感器 EID 指示是表示无传感器 EID、有微功率传感器 EID 或有低功耗传感器 EID；接入节点端口指示是表示有无端口号，通过端口号区分下行数据的来源。

表 4–6　　　　　　　　　　网络帧类型定义

位	定义	取值	含义
b7	全网广播指示	0b1	表示全网广播信息
		0b0	表示端到端的信息
b6	上下行指示	0b1	表示上行传输
		0b0	表示下行传输
b5	指令／数据指示	0b1	表示负载为网络层指令
		0b0	表示负载为数据
b4	末端汇聚节点 EID 指示	0b1	表示有汇聚节点 EID
		0b0	表示无汇聚节点 EID
b3b2	末端传感器 EID 指示	0b00	表示无传感器 EID
		0b01	表示微功率传感器 EID
		0b10	表示低功耗传感器 EID
b3b2		0b11	保留
b1	接入节点端口号指示	0b1	有端口号
		0b0	无端口号
其他	保留		

2. 节点下属架构变化上报指令

节点下属架构变化上报指令的内容及定义分别如表 4–7 和表 4–8 所示。

表 4-7　　　　　　　　　　　　　指令内容表

主设备 EID	指示	数量	从设备 EIDI	从设备 EID2	……
6 字节	1 字节	1 字节	6 字节	6 字节	……

表 4-8　　　　　　　　　　下属架构变化上报指示定义表

位	定义	取值	含义
b7b6	从设备类型	0b00	微功率传感器
		0b01	汇聚节点设备
		0b10	低功耗传感器
		0b11	保留
b7b4	增减	0b00	充值整表
		0b01	从设备增加
		0b10	从设备减少
		0b11	保留
b3~b0	通道编号	0~15	设备具备多通道，进行对应的编号

3. 标准网络建立流程

节点组网采用的架构结构为树状架构或多跳架构，每个接入节点组建一个局域网络。组网由接入节点发起，逐步扩散到所有节点，具体过程如下：

（1）接入节点进行广播，邻居汇聚节点按照广播信号的强度，选择进行随机接入；

（2）若汇聚节点随机接入成功时则在接入节点完成注册，若随机接入失败则重新进行随机接入；

（3）接入节点调度下属接入成功的汇聚节点进行广播；

（4）迭代循环，直到所有节点设备完成局域组网；

（5）对于多个接入节点（输电多跳）的网络，汇聚节点可根据和其他接入节点的通信跳数等相关指标，选择连接某个接入节点的局域网络。

4.协议标准路由流程

协议标准路由流程包括上行路由流程、下行路由流程、路由更新流程三部分。

（1）上行路由流程。由于网络架构是树状架构，除接入节点的其他设备都可以找到其归属的主设备，按主从关系，逐级实现上行数据传递。

（2）下行路由流程。接入节点具备其下属的全部汇聚节点与传感器的连接关系，即下行树状路由表。每个汇聚节点存储节点之间的节点路由表以及与其从属的传感器路由表，接入节点发送的下行数据，首先通过节点路由表寻址到与目的传感器对应的最后一级汇聚节点；然后汇聚节点通过其本地的传感器路由表下发给对应的传感器。若数据是给汇聚节点的，则可以省略传感器通信部分。

（3）路由更新流程。静态路由地址更新由接入节点发起，根据更新内容可分为以下两类：

1）接入节点发起通信，给对应的汇聚节点发送本地存储的节点路由表。

2）接入节点发起通信，给对应的汇聚节点发送本地存储的传感器路由表。

动态路由地址更新由汇聚节点发起，根据更新内容可分为以下两类：

1）汇聚节点发起通信，给接入节点发送下属节点架构信息（或架构变更信息）。

2）汇聚节点发起通信，给接入节点发送其下属传感器架构信息（或架构变更信息）。

4.2.3 无线传感网组网技术

4.2.3.1 无线传感网扫频机制

在无线传感网的组网过程中，各父节点定时广播下行帧，子节点分别按照表4-9所示的信道编号扫频物理层采用的各频点以实现邻居发现，扫频可以得到每个节点设备的邻居节点的信号强度，获取拓扑控制需要的参数，子节点以信号强度作为组网的参考指标，优先和信号强度好的节点组网。

表 4-9　　　　　　　　　　　物理层扫描频点列表

信道编号	中心频率
1	470.5MHz
2	471.0MHz
...	...
n	$[470.5+(n-1)/2]$ MHz
...	...
80	509.5MHz

注　n=1、2、…、80。

在输变电物联网中节点设备的位置固定，而节点设备间往往采用自适应波束定向天线传输数据。使用全向天线进行邻居发现时，天线对覆盖范围内的所有方向进行广播，所以只要范围内的节点收发状态相反，范围内的所有节点都能实现邻居发现。而对于定向天线，因其定向波束的特性，邻居发现的过程有以下难点：

（1）因为定向天线辐射的电磁波是特定扇区方向上具有一定宽度的波束，定向天线要想实现扫描覆盖全部的方向，则必须多次切换波束方向。若波束的宽度越窄，则完成一次全覆盖扫描需要切换的次数也越多且耗时越长。所以和全向天线相比，定向天线完成一次扫描则需要耗费较多的时隙。

（2）当发送节点和接收节点都使用波束切换定向天线时，要想实现邻居实现，双方的波束必须都指向对方。而当发送节点波束指向接收节点，接收节点波束没有指向发送节点时，接收节点无法接收到其信号。所以，一对相邻节点要实现互相发现，不但要满足收发状态相反，而且波束还要互相指向对方。当扇区数目较多时会耗费大量时间以达到这一状态。

如图 4-29 所示，如果将 A、B 和 C 分为 16 个扇区，则扫频时间会增加一倍。在第一个时隙内 A 节点的第二扇区处于接收状态，B 和 C 节点的第六扇区处于发送状态，此时 A 和 B 节点实现了波束对齐，A 节点发现了 B 节点，但 C 节点就无法与 A 节点对齐。在下一个时隙中，A 节点第三扇区接收，B 和 C 节点第七扇区发送，A 和 C 节点实现了波束对齐，A 节点发现了 C 节点，但此时 B 节点就无法与 A 节点对齐。

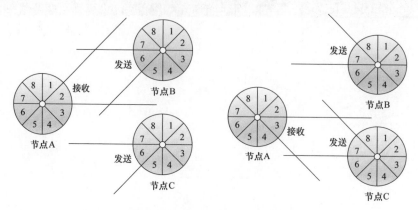

图 4-29 定向天线波束工作方式

自适应波束定向天线邻居发现算法的工作需要经历扫描序列和收发序列两个过程。扫描序列决定了发送节点在当前时隙激活哪个扇区从而发送消息，收发序列决定了节点在当前时隙的收发状态，故将基于二进制编码扫频邻居发现算法应用于自适应波束定向天线中。

1. 节点的扫描序列

节点的扫描序列是指节点发送信号所处方向的扇区编号序列，为了确保波束可以覆盖节点的所有方向，所有节点从某一个扇区开始顺时针方向依次扫描扇区方向，完成一次全方向扫描称为一个周期。一个周期内，扫描波束会经过覆盖范围内所有邻居节点，所有邻居节点都可能被发现。扫描通常从标号为 1 的扇区开始，为了发现覆盖范围内的所有邻居节点，一次邻居发现过程通常会经过多个周期的扫描。以拥有 6 个扇区的节点为例，在同步的无线自组网系统中，处于发送状态的节点在一个周期内的扫描序列如表 4-10 所示。

表 4-10　　　　　　　　　　　　节点扫描序列

扇区 \ 时隙	T_1	T_2	T_3	T_4	T_5	T_6
S1	发					
S2		发				

续表

扇区 \ 时隙	T_1	T_2	T_3	T_4	T_5	T_6
S3			发			
S4				发		
S5					发	
S6						发

2. 节点的收发序列

相邻的两个节点要想实现邻居发现，不仅波束要对齐，而且两个节点的收发状态还要相反：一个处于发送状态，另一个处于接收状态，这样才能实现邻居发现。节点的收发状态通常分为随机式和确定式两种，随机式的节点依据概率随机决定是发送状态还是接收状态，但网络完成邻居发现的时间并不稳定，在节点密度较高的情况下，会增加邻居发现的时间，因此设计了另一种收发序列，可以确保在一定的时间内完成邻居发现。根据网络模型所述，每个节点对应唯一的阿拉伯数字编号，可将节点的编号转化为二进制编码，接收状态用"0"表示，发送状态用"1"表示，并且在编码前面补"0"可以让各个节点的编码长度一样。因为每个节点的编码是唯一的，所以对应的二进制编码也是唯一的。显然，编码的长度和网络中节点的数量密切相关，如果网络中节点数量为 N，则其编码的长度为 $\log_2 N$，即完成一轮收发序列扫描需要 $\log_2 N$ 个扫描周期。

如图 4-30 所示，假设网络中有 8 个节点，将 8 个节点按其编号 0~7 进行二进制编号，其中扫描周期节点的发送状态用阴影部分表示，即该扫描周期扇区以发送状态扫描所有方向，白色部分是接收状态，即该扫描周期内节点处于接收状态。因此，每个节点对应的收发序列不相同，任何两个节点均在某一个扫描周期处于相反的收发状态，在一个扫描周期内节点各个方向的扇区均会被扫描一次。任意两个节点总会在某个扫描周期的某个时隙内实现波束对齐与收发状态相反，实现邻居发现。一对相邻节点若要在一次波束对齐收发状态相对应中发现彼此，需要进行两次握手或者三次握手的信息交互方

N₁	0	0	0
N₂	0	0	1
N₃	0	1	0
N₄	0	1	1
N₅	1	0	0
N₆	1	0	1
N₇	1	1	0
N₈	1	1	1

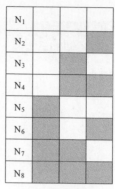

（a）节点收发序列　　　　　（b）节点收发状态

图 4-30　节点收发序列与收发状态

式。根据上一节所述采用单次握手的方式，这使得在一次发现中只有接收状态节点可以发现发送状态节点，而发送状态节点无法发现接收状态节点。很多节点之间在一轮收发序列扫描中只有一次邻居发现的机会，这样只能建立单向链接，无法完成双向的邻居发现，为此增加一轮收发序列扫描。

如图 4-31 所示，在一轮收发序列扫描结束后再增加一轮收发序列扫描，每个节点序列为其二进制编号按位取反，在第一轮中处于接收状态节点发现发送状态节点，在第二轮中状态正好相反，此时两个节点完成互相发现。例如节点 N_1 和节点 N_2，在第一轮中节点 N_1 发现邻居节点 N_2，在第二轮中因为序列取反节点 N_2 发现节点 N_1，通过两轮收发序列扫描完成所有节点的邻居发现。

N₁	0	0	0	1	1	1
N₂	0	0	1	1	1	0
N₃	0	1	0	1	0	1
N₄	0	1	1	1	0	0
N₅	1	0	0	0	1	1
N₆	1	0	1	0	1	0
N₇	1	1	0	0	0	1
N₈	1	1	1	0	0	0

（a）节点完整收发序列　　　　　（b）节点完整收发状态

图 4-31　一个收发序列周期的收发序列与节点状态

在节点初始化阶段，节点需要清楚网络中节点数量 N 和节点划分的扇区数量 K，从而确定一个扫描周期为 K 个时隙，一个收发序列周期为 $\log_2 N$ 个扫描周期。本小节中的网络采用同步时间系统，同一时刻处于发送状态的节点波束都在同一扇区，此外假定节点密度很小，忽略冲突情况。在第一个扫描周期内，节点依据二进制编码的首位（也可以从 $\log_2 N$ 位开始反向序列进行）数字来判断，如果是"0"则在该扫描周期内选择接收状态，如果是"1"则在该扫描周期内从 1S 扇区开始顺时针方向依次扫描 2~kS 扇区。第一个扫描周期结束后，第二个扫描周期的收发状态由二进制编码的第二位决定，不同状态下的扫描方式和第一个扫描周期相同，直到第 $\log_2 N$ 个扫描周期。此时完成第一轮收发序列扫描，因为采用单次握手的交互方式，在第二轮扫描中节点将其二进制编码按位取反，再进行与第一轮相同的方式扫描。经过两轮收发序列扫描，网络中相邻的节点都将发现彼此，完成邻居发现。其算法流程如图 4-32 所示。

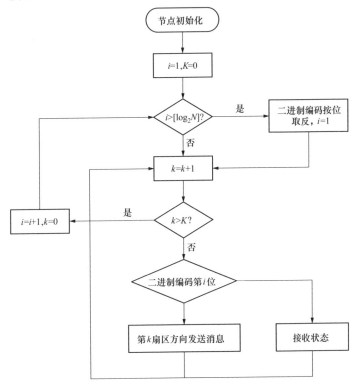

图 4-32 二进制编码邻居发现算法流程图

4.2.3.2 无线传感网快速组建技术

输变电无线传感网节点设备被部署到现场后可自行组成网络，涉及的基本网络拓扑可分为以下两种：

（1）基于簇的分层结构。具有天然的分布处理能力，簇头就是分布式处理中心，簇头接收每个簇成员传送的数据，在簇头里完成数据处理和融合，然后由其他簇头多跳转发或直接传给网关节点。同质的网络中簇头就是普通的节点设备，因为簇头的通信或计算任务繁忙，能量被很快消耗。为了防止这种情况的发生，簇中的成员轮流或者每次选择剩余能力最多的成员做簇头。

（2）链状拓扑结构。节点设备被串联在一条或多条链上，链尾与网关节点相连。由于输变电的复杂应用环境，无线传感网的设计不但需要考虑节点设备的硬件和软件设计以便符合电力系统应用要求，还需考虑传感器网络的组织形式。现实中变电站应用环境不仅所需覆盖面积大，还存在各种电力设备等障碍干扰，无线传感器监测系统需要部署测温节点设备来监测电力系统中各关键设备的运行状态，故简单地采用星型拓扑结构和网型拓扑结构不能满足无线传感监测系统的实际要求。

针对输变电复杂场景提出的网络层次结构思想，结合电力系统多障碍物的应用环境，基于簇的分层结构和链状拓扑结构提出了分层簇树结构，具体实现形式如图 4-33 所示。其中底层网络是分簇进行通信的传感器和路由节点，另一层结构则是由网络中所有路由节点（也可称为簇首节点，命名为路由节点是为了和节点标准中节点的命名方式统一）和协调器组成。

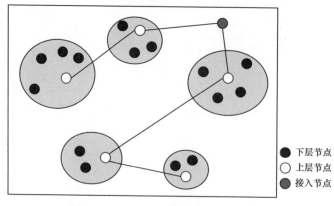

图 4-33　网络分层簇树拓扑结构平面图

从图 4-33 来看，整个无线传感网由两个子系统组成：作为网络骨干节点的路由器形成的上层网络和监测传感节点形成的底层网络。上层网络是整个网络的骨干系统，主要作用是汇聚和转发底层传感器节点的测量数据。底层网络中的传感器叶子节点根据自身和路由节点的通信距离形成一个个独立的子网络，完成对电力设备关键热点的信号采集和上层网络命令的响应。为了减少能耗，所有传感器叶子节点只能和自身所在子网络的路由节点通信。然而路由节点可安装在有源供电处，所以可以进行点对点的通信以承担整个网络的维护和数据的处理等功能。

无线传感网的拓扑结构采用如图 4-34 所示的分层树结构，系统中上层节点主要承担节点间骨干网络的数据的汇聚及转发，可以设置在电网合适位置采用有源供电。所以在汇聚节点通过底层自定义网络搜集到节点设备的温度数据后，可以采用节点协议完成数据到接入节点的转发，数据传输的可靠性和稳定性得以增强。节点网络的设计主要集中在网络层路由方案的确定以及作为自定义网络和节点网络连接纽带的汇聚节点对数据的处理。汇聚节点不但要承担节点网络的数据转发，而且还需要接收节点设备数据并维护底层自组网络。

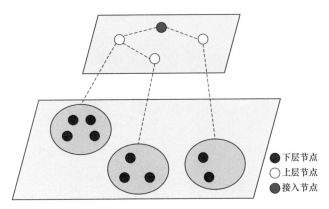

图 4-34　网络分层簇拓扑分层结构图

当某节点 C 想要加入现有的网络时，该节点网络层会启动网络发现过程。节点可以通过邻居汇聚节点了解整个网络的信息。节点 C 的上层协议在决定加入某个网络后，网络层将从它附近节点中选择一个父节点 P，并开始入网。

P 节点基于收到的入网请求消息，其网络层会为 C 节点分配一个 16bit 短地址并给 C 节点传送此消息。C 节点收到此回复消息表明入网成功，后期都会采用该短地址进行网络间通信。

假设，一个节点深度为 d 且小于 L_M，则其分配到的地址数目 $A(d)$ 如式（4-15）所示：

$$A(d) = \begin{cases} 1 + D_M + R_M, & d = L_M - 1 \\ 1 + D_M + R_M A(d+1), & 0 \leqslant d \leqslant L_M - 1 \end{cases} \quad （4-15）$$

入网过程中节点间形成的父子节点关系最后形成了根节点是节点协调器的树形网络拓扑结构，中间节点是汇聚节点，而终端设备则是叶子节点。树形网络拓扑结构是地址分配算法的基础，接入节点设置好整个网络中最大汇聚节点数目（R_M）、每个汇聚节点可带终端设备数量的最大值（D_M）和树形结构的最大深度（L_M）。新加入的汇聚节点根据它在树形拓扑中的深度，会分配到一连串连续的 16bit 短地址，其中第一个地址是该汇聚节点的网络地址，其余的则预留给汇聚节点的叶子节点（汇聚节点或终端设备）。如图 4-35 所示，网络的构建从序号为 0 的根节点（接入节点）开始。

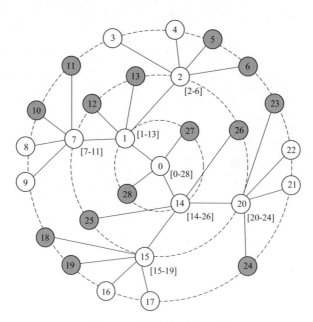

图 4-35　网络地址分配举例

终端设备和深度为 L_m 的节点都将只会分配一个单独的地址，可以采用递归方式解决整个网络的地址分配问题。假设深度为 d 的汇聚节点接收到的地址范围为 $[x, x+A(d)]$，那么它会将 $[x+(i-1)A(d+1)+1, x+i+A(d+1)]$（$i$ 的范围为 $1{\sim}R_m$，i 指汇聚节点数）分配给它第 i 个路由子节点，而 $x+R_mA(d+1)+j$ 则分配给它第 i 个终端设备。图 4–35 是 $R_m=2$、$D_m=2$、$L_m=3$ 的网络地址分配举例，其中所有地址都分配完成，蓝色节点是终端设备，白色节点则是汇聚节点。

4.2.3.3　输电场景下的多跳数据传输方法

输电线路物理结构呈链状分布，节点设备往往通过链式多跳组网方式实现数据传输，输电线路网络模型如图 4–36 所示。在电力传输系统中，在多个变电站之间需安装大量负责远距离输电工作的输电杆塔，负责远距离输电工作。由于电力传输系统必须时刻保持接通，并保持低延时的连接才能有效地运作，所以输电线路监控系统应具有自动地快速响应时间的特点。

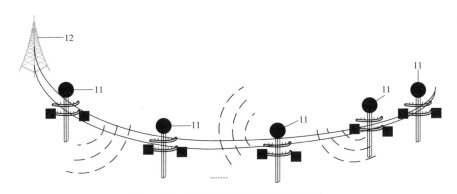

图 4–36　输电场景多跳传输网络模型

输电线路上采集的数据根据性质不同，可以有多个服务质量的划分，一般有以下三种：

（1）一般的监控数据：此类数据对时延不敏感，一般为周期性采集传输；

（2）紧急突发事件的监控数据：此类数据需要及时传输到控制中心，对延时要求很高；

（3）应用需要数据：根据实际需要获取的输电线路上的信息数据，一般对延时要求较高。单纯的自组织网络没有考虑输电线路监控系统中采集的数据之间的不同，因而没有针对不同的数据特点提供相应的数据传输服务。

针对输电多跳传输场景，采用一种基于服务质量保证的多跳数据传输方法。该方法在数据多跳转发至接入节点的过程中将时隙作为最少的传输操作单位，在同一时隙上，设计了紧急数据和正常数据各自的信道分配方法。根据传输正常数据和紧急数据的不同情况，采用不同的信道进行传输，以保证紧急数据优先传输至控制中心。

基于服务质量保证的多跳数据传输系统将时隙作为数据上下行的最小单位，每个时隙执行一次节点间的数据交互，在同一时隙上紧急数据和正常数据在不同的信道上进行传输。传输跳数的计算方法如式 4–16 所示，其中，n 表示节点设备的数量，n 为正整数，i 表示第 i 个节点设备，i 为小于等于 n 的正整数，m 表示发送紧急数据的最大跳数间隔，m 为小于等于的 n 正奇数。基于服务质量保证的多跳数据传输系统传输正常数据和紧急数据的信道数量和跳数的关系为：

$$|f| = \begin{cases} n/2, n \leqslant m \\ \dfrac{m}{2} + 1, m < n \leqslant 2m \\ m + 1, n \geqslant 2m + 1 \end{cases} \tag{4-16}$$

式中：$|f|$ 表示信道数量，为正整数；n 表示节点设备的数量，为正整数；m 表示发送紧急数据的最大跳数间隔，为小于等于 n 的正奇数。

如图 4–37 所示，当正常传输时，在第 k–1 个时隙中，n 个节点设备接收第 n+1 个节点设备发送的正常数据；在第 k 个时隙中，第 n–1 个节点设备接收第 n 个节点设备发送的正常数据，最后由控制中心节点接收正常数据。当第 i 个节点设备发送紧急数据传输时，第 i–m 个节点设备接收第 i 个节点设备发送的紧急数据，并将所述紧急数据以 m 为节点设备之间的跳数间隔传输至下一节点设备，直至最终传输至控制中心节点，其余正常数据按所述正常传输时进行传输。其中，i 为小于等于 n 的正整数，m 为小于等于 n 的正奇数，在同一时隙上，紧急数据和正常数据均在自己的信道上进行传输。

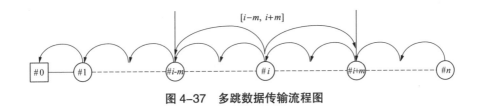

图 4-37　多跳数据传输流程图

4.3　WSN 时间同步技术

目前在输变电设备物联网领域，针对无线传感网的研究正在不断的加深，时间同步技术作为 WSN 应用中的支撑技术，是无线传感网研究中的重点。然而传统的同步方法网络时间协议（Network Time Protocol，NTP）和 GPS 因为尺寸、代价、能量问题、复杂度等因素并不适用于传感器网络，而且传感器网络自身的体积与能量受限等特点给时间同步计算也增加了一定的难度，为了最大限度地发挥无线传感网的应用潜能，对时间同步技术的研究就更加显得有所必要。

本节从无线传感网时间同步和相关问题入手，重点介绍了影响时间同步的关键因素和 TPSN 时间同步算法以及优化。

4.3.1　WSN 时间同步概述

4.3.1.1　影响 WSN 时间同步的因素

为了获得高精度的时间同步的算法，必须对影响到时间同步的各个因素进行分析，并且考虑避免误差的方法。影响无线传感器时间同步精度的因素主要包括时钟误差和路径延迟。

1. 时钟误差分析

一个典型的无线传感网节点包括五个主要的硬件结构：微处理器、无线收发装置、传感器、存储器和电池。这些模块与其他的辅助电路一起嵌入一块或多块电路板上。其中计时工作由计时模块和晶振电路组成，这些模块往往是微处理器的一部分。晶振电路通常由一个片外的晶体谐振器来驱动，为计时器模块产生时钟信号。计时器模块主要是定时器，定时器的主要功能是在检测到时钟信号的上升沿时进行加 1 或者减 1 的操作，也可以提前设置一个周期并在周期到来时进入相关的中断操作。此外，计数器模块还会包含捕捉和比较寄存器，记录一些事件的时间或者在特定的时间间隔产生的中断情况。

假设在 t 时刻计时器的记录为 $C(t)$，那么 t 时刻的晶体振荡器的频率可以从 $C(t)$ 的一阶导数中得出：$f(t) = \dfrac{\mathrm{d}C}{\mathrm{d}t}$。一个理想时钟的晶体振荡器的频率应该始终为 1，但是由于环境温度、供电电压以及自身生产工艺等因素的影响，晶体振荡器的频率会随着时间发生改变并且彼此之间会有所差距，幸运的是这个差距也被限定在一定的范围之内。

无线传感网的节点的时间模型可以用式（4–17）来定义。

$$C_i(t) = \frac{1}{f_0} \int_{t_0}^{t} f_i(t) \, \mathrm{d}t + C_i(t_0) \qquad (4-17)$$

式中：f_0 是晶体振荡器的标准频率；t_0 是节点开始计时的物理时刻；t 是外界的真实时间间隔；$f_i(t)$ 是节点 i 在 t 时刻真实的晶体振荡器的频率；$C_i(t)$ 是节点 i 在 t 时刻本地时钟的计算函数。

考虑到在计数器实际记录为一段时间间隔内晶体的振荡次数，所以假设节点 i 在此段时间内振荡的总次数为 N_{it}，那么根据式（4–18）可以得到其记录的时间 t。本书中提到的时间 t 均可根据记录的晶体振荡次数计算得到。

$$t = \frac{N_{it}}{f_i(t)} \qquad (4-18)$$

在极短的时间间隔内，可以认为 $f_i(t)$ 是不变的。假设在短时间内晶体振荡频率恒为 f_i，那么根据式（4–17）和式（4–18）可以得到：

$$C_i(t) = \frac{N_{it}}{f_0} + C_i(t_0) \qquad (4-19)$$

如果两个节点 i 和 j 从同一时刻开始计时，即 $C_i(t_0) = C_j(t_0)$，那么根据上述公式可以得知本地时钟的差值为 $C_i(t) - C_j(t) = \dfrac{N_{it} - N_{jt}}{f_0}$。

2. 路径延迟分析

图 4–38 所示为信号传输经过的关键路径，关键路径是指在消息传输过程中影响时间同步精度的各个不确定因素。图中，NIC 为网卡（Network

Interface Card，NIC）。在无线传感网中，发送节点同接收节点之间的关键路径的时延可以分为六大部分，如图 4-39 所示。

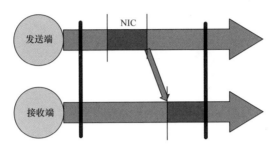

图 4-38 影响时间同步的关键路径

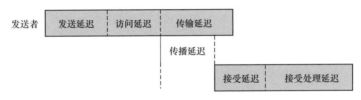

图 4-39 关键路径时延的六部分

（1）发送延迟。该延迟产生是因为当应用层决定发送消息，到节点实际决定开始去尝试发送消息之间存在一定的延迟。该延迟的大小与系统调度的方式和处理器当前处理的事件多少以及发送消息事件的优先级等密切相关，该延迟最大可以达到几百毫秒。但是如果选择是当消息到达 MAC 层以后再记录事件，那么将会避免此延迟。

（2）访问延迟。此延迟产生的原因是当 MAC 层可以随时发送消息时仍然需要等待无线信道无其他设备占用时才能发送，该等待时间即被定义为访问延迟。通过采用时隙调度的方式，根据父节点调度指令，发送方可以独占一段时隙，避免信号碰撞的干扰，从而避免访问延迟的影响。

（3）传输延迟。在消息包通过网络传输协议的物理层时，将会按位（bit）发送到物理链路上，这期间所用的时间称为传输延迟。此延迟往往为 10~20μs，具体的时间取决于所发消息包的大小。该延迟可以用硬件检测得到，属于可确定延迟。

（4）传播延迟。通信消息在介质中所需要的时间即为传播延迟，所以该延迟与两节点之间的通信距离密切相关。在无线传感网中，信道的传播速度接近于光速，所以一般来说传播延迟可以忽略不计。如果是单跳的物理距离为 50m 的两个节点之间通信，其传播延时约为 1.6μs，如果消息传播属于多跳，那么节点间距离就可以大大增加，因此，需要考虑传播延迟对传感器时间同步精度的影响。通过发送回传指令，计算发送信号和回传信号之间的时间差，可以方便地计算节点到传感器的传播时延，从而避免传播延迟的影响。

（5）接收延迟。此延迟产生的原因是因为接收方需要从物理链路上按位（bit）来接收消息，这种逐位来获取的方式就产生了延迟。通过图 4–39 可以看出，传输延迟与接收延迟之间有着一部分重叠。接收延迟取决于所发消息包的大小，该延迟可以用硬件检测得到，属于可确定延迟。

（6）接受处理延迟。接收节点接收到的消息从物理层到应用层所花费的时间称为接受处理延迟。如果接收消息的时间在 MAC 层进行记录，那么就可以避免发生接受处理延迟。

通过以上分析可以得出，发送延迟和接受处理延迟可以通过修改定时起止时间避免，传播延迟和接收延迟可以用硬件检测得到，属于可确定延迟。访问延迟通过采用时隙调度的方式，避免信号碰撞的影响，也属于可避免的延迟。传播延迟可以通过计算发送信号和回传信号之间的时间差而得到节点到传感器的传播时延，从而避免传播延迟的影响。

4.3.1.2 WSN 时间同步的应用

时间同步是无线传感器运行过程中提供时间基准的主要过程，任何分布式网络都需要重视时间同步技术。只有无线传感网的时间同步，各节点才能够协同完成工作，准确地进行信息采集和传输。下面主要从数据融合、传输调度、能量管理三个方面来阐述无线传感器时间同步的应用。

1. 数据融合

在分布式网络当中，数据融合是一个非常重要的过程，各节点需要对区域内数据进行收集，并根据数据时间发生的信息进行时间截标记。如果各节点不能够保持良好的时间同步就不能够使数据进行有效融合，因此时间同步对无线传感网的数据处理以及传输有着非常重要的意义，直接决定了数据的准确性和有效性。从这个角度来看，传感器网络本身就是以数据为中心的网络，基于统一的网络通信协议，采用更加符合人类自然语言交流的方式，将获得的指定事件的信息汇报给相关用户。通过这种方式，能够及时将用户所关心的事件通告和传达给网络，进而有效跟踪数据动态。

2. 传输调度

调度协议是基于时间同步产生的，比如在分布式网络当中使用的通信方案，TDMA 只适用于同步网络。节点与上层节点的通信过程需要在该节点被分配到传输时隙中完成，如果本地节点的时间出现偏差，就有可能与其他节点发生碰撞，引起信息丢失，所以在分布式网络当中传感器节点必须要保障统一的时间基准。所跟踪的目标信息可能出现在各个位置，伴随着其不断移动而出现在任何地方。虽然用户所关心的只有自己的目标信息的时间和具体位置，并不在意监测到目标的节点，但无线传感网就是由不同的节点提供具体的目标信息。

3. 能量管理

由于传感器一般体积较小，有自身携带的小型电池进行电量供给，完成网络部署之后在使用期限内很难对传感器进行电池维护更换。受电池容量的影响，节点必须要节省能量以延长使用寿命，因此在节点空闲或休眠状态当中会进行智能能量管理，同步无线传感器时间，以降低消耗功率。加强对所移动的目标位置的监测，实现短时间内对数据的整理、分析和传输，所消耗的成本是比较低的；而且能够借助集成化处理的方式，为各个节点实现其功能提供便利条件，从而有助于降低所消耗的功率，实现高精度识别和检测。

4.3.2　经典时间同步算法

4.3.2.1　RBS 时间同步算法

参考广播同步（Reference Broadcast Synchronization，RBS）是采用接收者—接收者模型进行时间同步的典型算法，整个同步过程可以分为三步：首先，参考节点 N_K 在 T_1 时刻广播一个同步请求消息；然后子节点 N_S 和 N_R 依据自己的本地时间记录下各自接收到广播消息的时间 T_2 和 T_3；最后节点 N_S 和 N_R 交换各自所记录的时间，估算两节点间的时间偏移。而且，节点 N_S 和 N_R 可以多次交换时间信息，采用线性回归来提高同步精度。

输变电设备物联网技术与实践

尽管 RBS 算法可以通过缩短关键路径来提高同步精度，但是从能量消耗方面来说，当网络中传感器节点部署比较密集时 RBS 性能就比较差了。例如，一个父节点有 n 个子节点，需要发送同步消息的次数是 n，但是接收同步消息的次数是按 $O(n^2)$ 的速率增长的。具体公式为：

$$\text{Num}Tx_{\text{RBS}} = n \tag{4-20}$$

$$\text{Num}Tx_{\text{RBS}} = n + \sum_{i=1}^{n-1} i = n + \frac{n(n-1)}{2} = \frac{n^2+n}{2} \tag{4-21}$$

所以，如果无线传感器网络的应用环境对能耗有要求，而且传感器节点部署密度大，单个父节点需要同步大量子节点，那么 RBS 算法就不再适用了。而且，RBS 算法针对网络动态的调整能力差，当一个父节点失效时，它所带的子节点都会脱离网络。

4.3.2.2　TPSN 时间同步算法

TPSN 作为双向消息交换模型的代表算法可以对整个网络进行同步。TPSN 算法的同步过程可以分成层次发现阶段和同步阶段两部分。首先选举出一个根节点（它的层次号是 0），根节点广播一个层次发现消息，在全网范围内进行泛洪式传播后形成一个树形拓扑结构，最终每个节点都会获得一个层次号。然后，根节点通过广播时间同步消息启动同步阶段，每个节点根据自己的层次号同自己的父节点进行双向消息交换同步，下一级节点侦听上一级节点的交换消息，等待一段时间至上一级节点同步完成后再开始与自己父节点的同步过程，最终所有节点都同步到根节点。子节点 S 与父节点 R 的同步过程如图 4-40 所示。

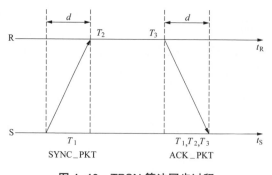

图 4-40　TPSN 算法同步过程

122

为了与父节点进行同步，子节点 S 先发送一个同步请求分组并记录下发送时间 T_1，然后父节点 R 记录下收到该分组的时间 T_2，并在 T_3 时刻回复一个应答分组，最后子节点 S 记录收到应答分组的时间 T_4。通过 $[T_1，T_2，T_3，T_4]$ 这个时间戳数组，可以依照前文介绍的双向信息交换模型计算出子节点 S 和父节点 R 之间的时间偏移（Δ）和传输延时（d）：

$$\Delta = \frac{(T_2 - T_1) - (T_4 - T_3)}{2} \tag{4-22}$$

$$d = \frac{(T_2 - T_1) + (T_4 - T_3)}{2} \tag{4-23}$$

尽管 TPSN 比 RBS 算法的同步误差增加了一项传输时间所带来的影响，但其他主要部分如传播延时、接收延时和节点间的相对时间偏移带来的误差影响都减半了。所以，整体来说 TPSN 算法比 RBS 算法同步精度要高。而且，在能耗方面，TPSN 算法在密集型网络中表现也比 RBS 也好。因为，对于一个父节点同步 n 个子节点的情况，需要发送和接收同步消息的次数都是随着 n 线性增长的，如式（4-24）所示：

$$\mathrm{Num}Tx_{\mathrm{TPSN}} = 2n \qquad \mathrm{Num}Rx_{\mathrm{TPSN}} = 2n \tag{4-24}$$

TPSN 中节点间进行双向成对同步时采用的是点对点的通信方法，那么如果同一时间节点 M 的所有子节点同时发起与节点 M 的通信，那么会产生数据包的冲突，节点 M 可能无法收到所有子节点的信息。为了减小这种情况的发生概率，每个节点需要在收到同步发起数据包后各自等待一个随机时间后才与根节点交换信息。对于发生数据冲突导致丢包的情况，TPSN 中采用了重新发送的策略，即当节点发送完同步请求的数据包后开始计时。若在一定时间范围内节点没有收到应答的数据包，就说明之前发的请求包未被正确接收，那么节点就重新发送一个同步请求数据包，直到成功完成信息交换。

TPSN 算法的可扩展性强，当有新节点加入时不会影响网络拓扑，而且节点的同步误差不随节点数量而变化，而是取决于它所属网络树中的层次。但是层次树的构造过程增加了能耗，而且如果根节点失效了，需要重新进行根节点的选取和网络层次树的构造过程。

4.3.2.3　FTSP 时间同步算法

洪泛时钟同步（Flooding Time Synchronization Protocol，FTSP）也是基于发送者和接收者的单向同步机制。FTSP 算法使用单向广播消息实现发送节点与接收节点之间的时间同步。广播消息形式如图 4–41 所示。

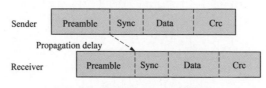

图 4–41　数据包经过无线信道

FTSP 算法的步骤如下：

（1）FTSP 算法在发送完前导码后，给数据包打上时标并广播该数据包。为了减少发送延迟，FTSP 算法一般在 MAC 层打时标。数据的发射时间同DMTS 一样可以通过数据位数和发射速率计算出来。

（2）接收节点收到 SYNC 字节后同样在 MAC 层打上时标，并计算位偏移。当收到整个数据帧后，通过位偏移与接收速率计算出位偏移产生的时间延迟。

（3）接收节点在获取 K 次的同步数据包后，利用 K 对时标进行线性回归分析，求出时钟漂移和时钟偏移，构造拟合直线。FTSP 算法的前提是在短时间内晶体振荡器的频率不变，那么节点时钟可以采用一阶线性模型，所以在误差允许的范围内通过拟合直线，节点同步后的时钟可以由拟合直线直接得到，直到下一次同步周期开始。这样整个网络维持同步的开销大大减少，从而降低了节点的能耗。

FTSP 算法同样适用于多跳网络。在多跳的实现中，首先会选取一个根节点，以其为时钟源节点，根节点周期性地广播同步数据包，在它广播范围内的节点收到数据包后与根节点进行同步，然后广播带有自己同步了的时标的数据包，直到全网实现同步。FTSP 虽然没有像 TPSN 那样显式地去构造一个节点生成树，但是层层广播的方式实际上也形成了一种树结构，在这种结构中根节点的失效将会导致网络失去同步的发起者。所以 FTSP 算法针对该问题增加了根节点的选取机制：即当网络中的节点在一定同步周期内未收到任何数据包时，就不再继续等待而是宣称自己为根节点，发起同步消息。这种解决方法带来的一个问题就是可能同时存在多个根节点在广播同步信息，所以还需要采用数据包的过滤机制，即每个节点只保留带有最小根节点编号的数据包，从而保证整个网络重新选定的根节点只有一个。

FTSP 算法对时钟漂移进行了线性回归分析。考虑到 FTSP 算法在特定时间范围内节点时钟晶振频率是稳定的，因此节点间时钟偏移量与时间成线性关系；通过发送节点周期性广播时间同步消息，接收节点取得多个数据对（time，offset），并构造最佳拟合直线 L（time）。通过回归直线 L（time），在误差允许的时间间隔内，节点可直接通过 L（time）计算某一时间点节点间的时钟偏移量而不必发送时间同步消息进行计算，从而减少了消息的发送次数并降低了系统能量开销。

FTSP 中常用的数据处理方法是最小二乘法。最小二乘法是一种应用很广泛的估计方法，其目的是求出一个无偏的且具有最小均方误差的估计量，即使得被估计量与估计量之差在统计平均意义上取得最小值。最小二乘法估计方法对观测数据没有任何概率假设，即不需要任何先验知识，只需被估计量的观测信号模型就可以实现信号参量的估计。

令 x_i 为观测向量，h_i 为观测矩阵，θ 为 M 维的被估计量，n_i 为观测噪声，则线性观测方程为：

$$x_i = h_i\theta + n_i \tag{4-25}$$

令 $X=[x_1 \quad x_2 \cdots x_L]^T$，$H=[h_1 \quad h_2 \cdots h_L]^T$，$N=[n_1 \quad n_2 \cdots n_L]^T$，则 L 次的观测方程可以表示为：

$$X = H\theta + N \tag{4-26}$$

假设观测噪声向量 N 的统计特性为：

$$E(N) = 0 \tag{4-27}$$

$$E(NN^T) = C_N \tag{4-28}$$

则最小二乘构造的估计量 θ 使得估计误差 $J(\theta)$ 达到最小。

$$J(\theta) = (X - H\theta)^T (X - H\theta) \tag{4-29}$$

令 $J(\theta)$ 对 θ 进行矢量求导，并令结果等于 0，求得 θ 为：

$$\theta = (H^TH)^{-1} H^TX \tag{4-30}$$

FTSP 算法中，每次同步时发送节点广播包括自己发送时间 T_{S_i} 的数据包，接收节点收到数据包时记录自己的本地时间 T_{R_i}，令 $x_i = T_{S_i}$，$h_i = [T_{R_i}1]T$，当取得 8 对（T_{r_i}，T_{S_i}）后，$\theta = [ab]T$ 可由式（4-30）求出。

之后接收节点在下一次同步前的时间可以由下式得到：

$$T_{\text{sync}} = aT_{\text{local}} + b \tag{4-31}$$

式中：T_{local} 为当前时刻的本地时间，T_{sync} 为同步后的时间。

由于观测矩阵的特殊性，式（4-30）等效于以下公式：

$$a = \frac{\sum_{i=1}^{8}\left(T_{s_i} - \overline{T_s}\right)\left(T_{r_i} - \overline{T_r}\right)}{\sum_{i=1}^{8}\left(T_{r_i} - \overline{T_r}\right)^2} \tag{4-32}$$

$$b = \overline{T_s} - a\overline{T_r} \tag{4-33}$$

上式中，$\overline{T_s} = \frac{1}{8}\sum_{i=1}^{8}T_{s_i}$，$\overline{T_r} = \frac{1}{8}\sum_{i=1}^{8}T_{r_i}$。

4.3.2.4 DMTS 时间同步算法

延迟测量时间同步（Delay Measurement Time Synchronization，DMTS）是一种单向同步算法。在该算法中，首先从众多通信节点中选出一个主节点作为提供基准时间的参考节点，然后主节点将本地时间广播给其他节点，所有的接收节点将自己的本地时间与主节点的时间进行比对并且估计传输过程中的延迟，之后将自己的时间设置成为主节点的时间再加上传输延迟，最终就是所有接收到消息的节点都能够与主节点完成时间同步，传输过程如图 4-42 所示。

图 4-42　DMTS 时间同步机制分组传输过程

为了更加精准地测量接收方与发送之间的单向时间延迟，DMTS 采用如下方法：

（1）本地的时间戳 t_1 在发送方检测到信道空闲之后才会添加，并且消息在添加时间戳之后会立即发送出去。这种方法可以避免应用层处理延迟和 MAC 等待信道空闲的延迟，提高了同步精度。

（2）通过发射数据的速率和消息包的大小，DMTS 对发射延迟进行了估计。通过之前的分析已知发射延迟产生于消息按比特位传输，所以假设发送消息的位数为 n，发送每个比特花费的时间是 t，就可以得到发送时间大约为 nt。

（3）接收方首先会在收到消息的同时在 MAC 层记录一个时间戳 t_2，并且在接受处理完之后记录第三个时标时间戳 t_3，通过 t_2 与 t_3 之间的差值就可以估计出接收方的处理延迟。

DMTS 同样也适用于大规模的多跳全网同步，即与主节点完成第一次同步的子节点们作为主节点，与自己广播范围内的尚未完成同步的子节点广播本地时间，完成第二级的同步。如果是同一级或者是自己的父节点接收到此消息，那么消息将会被直接丢弃掉，从而实现了全网同步。

表 4-11 是对各种同步算法的比较，不同算法在复杂度和精度等指标上优缺点不同，具体采用哪种算法应根据应用需求决定。

表 4-11　　　　各种同步算法的比较

比较对象＼同步算法	RBS	TPSN	LTS	TS/MS	DMTS	FTSP	TDP
连续同步 / 按需同步	按需	连续	按需	连续	连续	连续	连续
全网同步 / 子网同步	子网	全网	两者	子网	全网	全网	全网
广播	是	是	否	否	是	是	是
单向 / 双向	单	双	双	双	单	单	双
复杂性	一般	一般	较高	高	中等	高	高
同步精度	较高	较高	低	高	低	高	低
收敛时间	一般	一般	一般	长	长	长	长

4.3.3　时间同步算法优化

经过对比 E-TPSN 时间同步算法设计和传统 TPSN 算法，通过优化 TPSN

同步过程，提出了能实现更低能耗的 E-TPSN 算法，如图 4-44 所示。与 TPSN 算法中 N_k 和每个子节点进行双向消息交换同步不同，E-TPSN 算法中 N_k 节点先广播一个同步请求分组并选择离它最近的子节点 N_3 作为应答节点进行同步，节点 N_1，N_2 和 N_3 分别记录收到此分组的时间 T_1、T_2 和 T_3。然后通过接收节点 N_3 回复的应答分组，N_k 节点可以按照公式：$\Delta = T_3 - T_2 = (P_{k\to R} - P_{k\to S}) + (R_R - R_S) + (D_{T_1}^{k\to R} - D_{T_1}^{k\to S})$ 计算两者的时间偏移（$\Delta_{k\to3}$）和传播时间 d，然后将 $\Delta_{k\to3}$、d 和 T_3 组成一个消息分组再一次广播出去，N_1 和 N_2 可以根据消息分组中的内容计算出其相对于父节点 N_k 的时间偏移。

从图 4-43 可以看出，不管一个父节点带多少个子节点，E-TPSN 算法同步时所需发送消息的次数都只有 3 次，而接收同步消息的次数和 TPSN 算法相比仅多一次，所以 E-TPSN 同步所需发送消息的次数大大减少了；并且在网络节点部署密集的情况下，和 TPSN 算法相比其优势会更加明显。

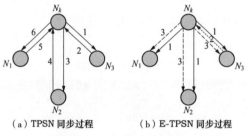

（a）TPSN 同步过程　　　　（b）E-TPSN 同步过程

图 4-43　同步过程比较

4.4　WSN 故障自愈技术

4.4.1　WSN 故障分类

无线传感网故障是指传感网络系统中的某些部分出现故障，导致其失去原有功能或者达不到设计要求的情况。

由于无线传感网的工作环境不同，且传感节点与外界干扰环境的不同，导致故障类型及表现形式也不同，因此很难对无线传感网故障进行统一的划分。本节总结了无线传感网故障类型，分别按网络结构、故障持续时间及数据准确率等对无线传感网故障类型进行了分类。

1. 基于网络结构分类

无线传感网通常分为星形网络、树形网络、网状网络三种结构，常用的无线传感网拓扑结构如图4-44所示。三种网络结构的相同点是网络中都包含汇聚节点、传感器节点及通信网络连接。在此基础上可将传感网络分为传感节点故障、汇聚节点故障、通信网络故障。

（1）传感节点故障。传感节点故障是指由于传感节点的硬件设计或者生产缺陷引起的故障。构成传感节点的各个模块中，任何一个模块出现故障，比如传感器模块受环境干扰、自身老化、能量不足等，都可能导致传感节点出现故障甚至失效；若从软件方面分析，代码存在缺陷或错误等因素也会导致传感节点出现故障。

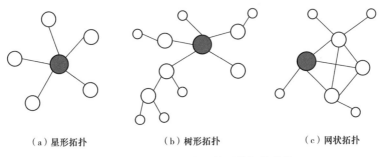

（a）星形拓扑　　　　（b）树形拓扑　　　　（c）网状拓扑

图4-44　常用的无线通信网络拓扑结构
〇—末端支节；◯—路由器；●—协调器

（2）汇聚节点故障。汇聚节点在无线传感网中通常扮演网关的角色，这样在设计时要着重考虑其持久性、可靠性及能量供应等问题。在某些特殊情况下，如汇聚节点使用太阳能供电，遭遇连续阴雨天气会造成能量供应不足，导致汇聚节点出现故障。此外，软件设计存在缺陷也会使汇聚节点出现故障。再者，由于汇聚节点工作强度比传感节点大，一般不进入休眠状态，因此其连续工作时间变长也更容易引起硬件故障。

（3）通信网络故障。主要包括通信链路故障和路由路径故障：通信链路故障是由于在正常通信范围内，发送方和接收方不能正确建立连接而导致的无法通信，主要是因外界环境恶劣或其他干扰引起的；路由路径故障是由于节点的移动性或故障导致源节点发送的数据信息无法到达指定节点，从而造成数据延误和丢失。

2. 基于时间的分类

按照故障产生后的持续时间可分为永久性故障和暂时性故障两类，按照故障产生的速度也可分为突发性和渐进性故障两类。

（1）永久性故障。指一旦产生，必须经过维修或者更换节点才可以修复的故障。

（2）暂时性故障。故障是暂时性出现，通过重启或者其他措施可以使系统恢复正常。

（3）突发性故障。指故障无任何征兆，突然出现。

（4）渐进性故障。指元件在工作过程中逐渐显现出来的故障。

3. 基于数据准确性的分类

根据传感器输出数据与真实值存在的偏差对故障进行分类，可分为恒偏差故障、固定故障、跳动故障、漂移故障。

（1）恒偏差故障。指传感器输出的数据和真实值之间的偏差值是固定的，这种故障称为恒偏差故障。

（2）固定故障。由于传感器可能被污损或者内部出现故障等原因，导致传感器输出信号值永远是一个固定值，这种故障为固定故障。

（3）跳动故障。由于传感器受到外界环境干扰、振动或者接触不良等影响，导致传感器输出数据在真实值附近跳动的现象，这种故障为跳动故障。

（4）漂移故障：指传感器测量值和真实值的差值随时间的增加而发生变化，这种故障的为漂移故障。

4.4.2 基于 WSN 基站生存模型的自愈技术

目前，有关无线传感网生存性的研究主要集中于安全领域，通过加密、安全协议等手段来保证信息的机密性、认证性和完整性，以提高系统的抗入侵能力。但是，由于传感器网络环境的开放性、网络攻击手段的多样性，以及常用入侵检测技术存在检测率低、误报率高等问题，导致传统的安全技术无法保证网络有效抵御外来攻击，所以入侵后的网络生存能力比较低。因此，如何使入侵后的系统仍能对外提供服务，提高 WSN 的网络生存性是现如今研究的重点。

一种称为软件自愈的容错技术正逐渐发展起来，其通过监测系统资源的使用情况，并在软件老化时采取自愈恢复操作，可有效避免软件失效。将其运用于安全领域，既能处理内部失效问题，提高系统的可靠性，又可排除某些外部攻击带来的安全隐患（如 DoS 攻击等），提高系统的安全性，并从整体上提高系统的生存性。下面介绍基于自愈技术的 WSN 基站生存模型。

自愈技术需要不断检测环境资源信息，以便及时进行决策并采取相应的操作。在 WSN 中，由于普通传感器节点的资源能力是有限的（例如，计算能力比较低，存储量较小，电源能量有限），所以无法承担检测操作带来的开销。同时，为了节能而常常采用的休眠 / 唤醒策略也不适于检测操作，由此导致了将自愈技术运用于 WSN 的技术瓶颈。然而，通过 WSN 的结构特点可以看到，基站是 WSN 与外部网络连接的桥梁，传感器节点将数据信息通过基站向外传递，外部的控制信息也需要通过基站向内发送。显然，基站的生存性直接影响着 WSN 的生存性，同时基站也能够承担自愈操作带来的资源需求。因此，利用自愈技术来提高基站的生存性，从而进一步提高 WSN 的整体生存性能。

1. WSN 基站的自愈生存架构

自愈生存架构如图 4-45 所示，其关键部件如下：

（1）监视器。在架构中需构建一个监视器，通过各种代理（软件传感器）不断获取系统资源的上下文信息，从而及时检测和汇总数据。

（2）分析部件。分析部件利用策略和参数数据库提供的信息，对收集到的数据进行决策，分析异常资源消耗情况及其危害程度，判断是否采取自愈操作。

（3）执行部件。执行部件根据资源异常消耗的原因（无论是软件内部缺陷造成的，还是外部攻击的结果），在自愈操作过程中采取不同的处理策略。此外，还可以采用重配置操作，根据系统漏洞及时打补丁，以避免系统内部缺陷导致错误重复出现或者同样的外部攻击继续发生等。

（4）评估部件。评估部件根据系统恢复后的性能情况，对影响本次操作的原始策略进行评估，并将评估结果写入策略库，使得该框架模型能根据环境变化进行自适应调整。

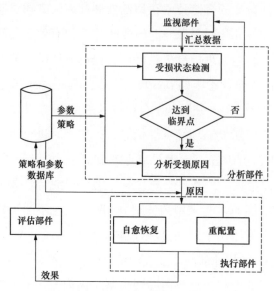

图 4-45　WSN 基站的自愈生存架构

2. 关键技术

选取系统受损状态的临界点时，过早选取会导致自愈操作频繁而降低对外服务的能力，过晚选取则会因未及时监测到受损状态而失去自愈的意义。目前，一般采用统计的方法（如神经网络方法）对收集到的系统资源状态数据进行分析，以拟合系统老化和攻击导致的数据变化规律，预测未来的变化趋势；并通过设置阈值求取最佳临界点，提高系统临界点的检测成功概率。此外，恢复操作包括自愈恢复和重配置：自愈恢复通常是清理系统内部状态（如垃圾回收、刷新操作系统内核表、重新初始化内部数据结构等），阻断外部恶意链接，释放系统资源，恢复系统性能；重配置操作则是根据系统漏洞打补丁，以避免类似事件再次发生。

（1）使用半马尔科夫过程进行模型分析。WSN 基站的半马尔科夫过程（Symmetrical Multi-Processing，SMP）生存模型及其状态转换如图 4-46 所示。基站在初始情况下处于健康状态 H，随着基站的长期运行，基站内部的软件缺陷或者各种攻击均可导致系统资源出现异常损耗，促使系统进入受损状态 C。此时，如果分析部件能够成功检测到资源异常，则系统进入自愈状态 R，并根据决策系统提供的策略进行自愈恢复操作，利用重配置技术为系统打补丁，使系统恢复到健康状态 H；如果分析部件未能及时检测到资源异常，随着系统损失的加大或恶意攻击的持续进行，系统逐渐进入失效状态 F，此时只能等待系统管理员进行手工恢复和重配置操作，以便恢复到健康状态 H。

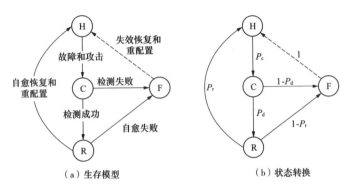

图 4-46　半马尔科夫过程

（2）生存性分析。根据图 4-47，利用连续马尔科夫链得出下列计算公式：

$$V_H P_c = V_R P_r + V_F$$
$$V_H P_c = V_C$$
$$V_R (1 - P_r) + V_C (1 - P_d) = V_F \tag{4-34}$$

$$V_C P_d = V_R$$
$$V_H + V_C + V_R + V_F = 1 \tag{4-35}$$

式中：P_c 表示从状态 H 到受损状态 C 的转换概率；P_d 表示检测成功的概率；P_r 表示自愈成功的概率；V_H、V_C、V_R、V_F 分别表示各种状态概率。

根据 SMP，可获取各稳态状态的概率：

$$\prod_i = \frac{V_i h_i}{\sum_j V_j V_j} \tag{4-36}$$

将概率计算公式带入式（4-38），便得到健康状态 H 的稳定状态概率：

$$\prod_H = \frac{h_H}{h_H + P_c h_C + P_c - P_d P_c (P_r h_F - h_R)} \tag{4-37}$$

式中：h_H 表示在健康状态 H 的停留时间；h_C 表示在受损状态 C 的停留时间；h_R 表示在自愈状态 R 的停留时间；h_F 表示在失效状态 F 的停留时间。

通过分析式（4-39）可知，稳定状态概率 $\prod_H$ 越大，则系统的失效概率（$1-\prod_H$）越小，WSN 基站的健壮性越好，生存能力就越强。为了提高系统的生存性，选取合适的参数至关重要，以便求取最佳的稳定状态概率 $\prod_H$（或者失效概率）。由于考虑的是自愈技术对模型生存性的影响，因此受损状态成功检测的概率 P_d 将成为关键因素，P_d 越大则稳定状态概率 $\prod_H$ 越大，系统的失效概率（$1-\prod_H$）越低，WSN 基站的生存性越好。

4.5 典型无线传感网设备

国网江苏省电力有限公司基于 Q/GDW 12021—2019《输变电设备物联网节点设备无线组网协议》和 Q/GDW 12020—2019《输变电设备物联网微功率无线网通信协议》研制了变电接入节点、输电接入节点及汇聚节点三种类型的节点设备，下面进行介绍。

4.5.1 接入节点设备

接入节点设备具有强大的数据处理功能，为节点通信控制提供可靠的保障，具体功能如下：

（1）自动组网。采用 470MHz 频段收发同频的单频点无线链路自动组网；设备只需配置好频点，便可以与其他通信基站之间自动建立无线联网；灵活组网，能够实现多种组网方式，如链状组网、树状组网等。

（2）网络管理。接入控制，接入节点设备对发起注册的传感器设备进行筛选，禁止不合法设备的接入；在产品内部可以查看接入的节点或传感器设备的信号质量，方便进行设备管理；产品具有回包测试统计功能，运维人员可根据此功能对节点的位置进行规划。

（3）边缘计算。接入节点设备具备边缘计算能力，可将接收的传感器数据进行过滤和解析，将解析后的数据通过电力 APN 或网线传输到电力内网。

1. 软件功能

接入节点的软件功能主要通过上层协议处理模块、同步单元模块、传感业务边缘计算处理模块、北向接口处理模块以及通信功能方向的多个网络节点组网模块实现。

（1）上层协议处理模块。完成对变电接入节点设备的控制，实现基于 Q/GDW 12021—2019《输变电设备物联网节点设备无线组网协议》的超帧的组帧、各层帧的组帧以及时隙的划分。在物理层实现参数配置以及物理层帧的下行组帧发送以及上行接收识别。在媒体接入控制层实现组帧以及下属设备的接入和调度管理。在网络层实现组帧以及下属设备注册、组网和路由管理。

（2）同步单元模块。以自身作为自同步控制机制的主控实体和标准时间参考定时广播下行同步数据，对接入节点、汇聚节点以及同步采集传感器的时钟同步以及采集时刻的管理和控制。

（3）传感业务边缘计算处理模块。适配输变电无线传感网业务云边协同的边缘计算框架，提供边缘计算和业务处理的能力。

（4）北向接口处理模块。通过网口有线或者无线公网（经电力安全认可），接入电力物联网综合管理平台所在的网络。

（5）网络节点组网处理模块。实现 Q/GDW 12021—2019《输变电设备物联网节点设备无线组网协议》标准协议部分的网络层处理功能以及物理层使用控制功能，支持主控及上层协议处理板对于自同步机制以及数据流、指令流的传递控制。

2. 变电接入节点设备

变电接入节点设备如图 4-47 所示。前面板主要有电源开关和指示灯，电

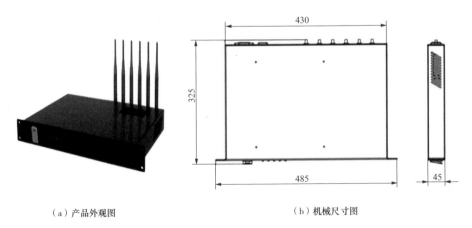

（a）产品外观图　　　　　　　　　（b）机械尺寸图

图 4-47 变电接入节点设备

源开关用于装置的电源开关控制，电源开关上有电源指示灯，当电源指示灯亮代表装置已正常上电。后面板主要有电源插座、以太网接口和射频天线座，如图 4-48 所示。

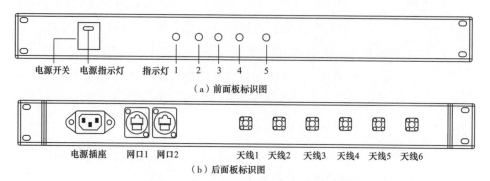

（a）前面板标识图

（b）后面板标识图

图 4-48　变电接入节点设备面板标识图

变电接入节点设备前面板上的其他指示灯的功能如表 4-12 所示。

表 4-12　　　　　　变电接入节点设备前面板指示灯功能表

指示灯名称	作用
指示灯 1	当前版本预留未使用
指示灯 2	当前版本预留未使用
指示灯 3	470M 无线通信指示，闪烁表示有数据通信
指示灯 4	边缘计算模块通信指示灯，闪烁表示有数据通信
指示灯 5	主控模块通信指示灯，闪烁表示有数据通信

变电接入节点硬件模块如图 4-49 所示。

3. 输电接入节点设备

输电接入节点设备如图 4-50 所示，各个接口部件的作用见表 4-13。

输电接入节点硬件模块如图 4-51 所示，接入节点设备的无线组网通信参数见表 4-14。

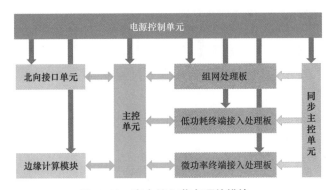

图 4-49 变电接入节点硬件模块

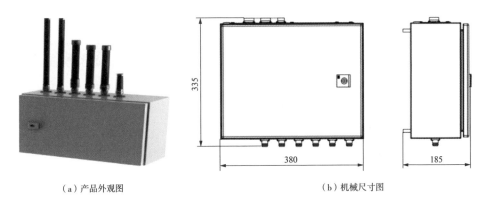

（a）产品外观图　　　　　　　　　　　　　　（b）机械尺寸图

图 4-50 输电接入节点设备产品

表 4-13　　　　　　　　　　各个接口部件的作用

借口名称	作用
电源插座	用于连接配套的 3 芯电源线，为整机提供交流 220V 电源
网口 1	标准的以太网插座，用于内部调试
网口 2	标准的以太网插座，用于连接远程的边缘计算网管系统
天线 1	LTE 天线，SMA 母头接口
天线 2	无
天线 3	无
天线 4	无
天线 5	无
天线 6	470M 天线接口，SMA 母头接口，连接 470MHz 射频天线

137

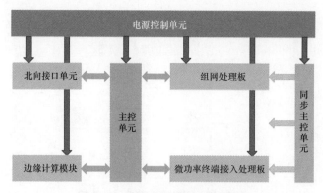

图 4-51 输电接入节点硬件模块

表 4-14   无线组网通信参数

性能点	性能指标
发射功率	17dBm
最佳接收灵敏度	−123dBm
带宽	500kHz
扩频因子	5~9
可配置频点	470~510MHz
传输距离	1000~2000m（输电架空线路）
最大传输速率	58kbit/s

4.5.2 汇聚节点设备

汇聚节点用于接收、汇聚一定范围内的微功率传感器、低功耗传感器和有线传感器上传的数据，起到通信中继、暂存的作用。汇聚节点也具备一定的边缘计算能力，能够实现简单的传感数据预处理与阈值告警等计算。

1. 软件功能

汇聚节点的软件功能主要通过上层协议处理模块、同步单元模块、网络节点组网处理模块和微功率及低功耗无线接入模块。其中：

（1）上层协议处理模块。完成对汇聚节点设备的控制，基于 Q/GDW

12021—2019《输变电设备物联网节点设备无线组网协议》在物理层实现参数配置以及物理层帧的下行组帧发送以及上行接收识别，在媒体接入控制层实现组帧以及下属设备的接入和调度管理，在网络层实现组帧以及下属设备注册管理，接收接入节点的组网以及路由管理指令。

（2）同步单元模块。接收父节点的定时广播下行同步数据，将父节点同步的时间与自身的时钟进行同步。

（3）网络节点组网处理模块。实现 Q/GDW 12021—2019《输变电设备物联网节点设备无线组网协议》标准协议部分的网络层处理功能以及物理层使用控制功能，支持主控及上层协议处理板对于自同步机制以及数据流、指令流的传递控制。

（4）微功率及低功耗无线接入模块。基于 Q/GDW 12021—2019《输变电设备物联网节点设备无线组网协议》和 Q/GDW 12020—2019《输变电设备物联网微功率无线网通信协议》，实现低功耗和微功率传感器的接入以及传感器上下行数据的接收与发送。

2. 设备功能

汇聚节点设备产品如图 4-52 所示，设备具有强大的数据处理功能和出色的通信品质，为节点通信提供了可靠的保障，具体功能如下：

（1）自动组网。采用 470MHz 频段收发同频的单频点无线链路自动组网；设备只需配置好频点，便可以与其他通信基站之间自动建立无线联网；组网灵活，能够实现多种组网方式，如链状组网、树状组网等。

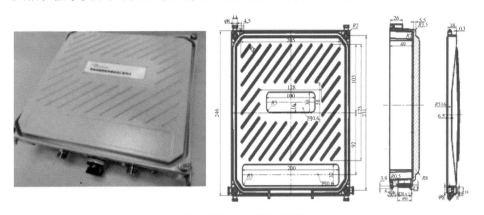

图 4-52　汇聚节点设备

（2）网络管理。汇聚节点设备对发起注册的传感器设备进行筛选，禁止不合法设备的接入；在汇聚节点设备内部可以查看接入的节点或传感器设备的信号质量，方便进行设备的管理。

汇聚节点通信参数见表 4–15。

表 4–15 汇聚节点通信参数

性能点	性能指标
发射功率	17dBm
最佳接收灵敏度	−123dBm
带宽	500kHz
扩频因子	5~9
可配置频点	470~510MHz
传输距离	100~500m
最大传输速率	58kbit/s

第五章

边缘计算技术
及应用

边缘计算是一种分布式计算，它将数据处理和存储功能从传统的中心化数据中心转移到靠近数据源的边缘设备上，为实时数据处理、低延迟应用和网络带宽优化提供了解决方案。在输变电设备管理方面，可以实现实时监测与快速响应。例如，当设备出现故障或异常情况时，边缘计算可立即捕捉并发送警报，促使运维检修人员迅速采取维修措施，减少停电时间和损失。本章对输变电物联网边缘计算技术、边缘计算框架及典型应用进行详细的介绍。

5.1 物联网边缘计算技术

物联网边缘计算是一种将计算能力和数据处理能力移至物联网设备或靠近物联网设备位置的技术。传统的物联网架构中，设备将数据发送到云端进行处理和分析。然而，随着物联网设备数量的增加和数据量的不断增长，将所有数据都发送到云端处理可能会网络拥塞、延迟较高和隐私安全等问题。物联网边缘计算解决了这些问题，减少了对云端的依赖，并提供更高的响应速度和更低的延迟。

下面简单介绍物联网边缘计算在硬件、软件平台和业务应用等方面的关键技术，并分析边缘计算在输变电设备管理方面的应用优势。

5.1.1 边缘硬件技术

边缘计算的硬件载体主要是边缘节点设备，结合输变电设备实际应用场景有不同形式。例如在特高压变电站，边缘计算可采用服务器集群，但在输电杆塔或电缆隧道，边缘计算节点设备主要采用低功耗智能终端。边缘计算节点设备主要由计算处理模块、网络通信模块、存储模块、安全模块等组成。这些模块共同构成了边缘计算的硬件基础设施，支持输变电物联网应用在边缘环境中的部署和执行。

1. 芯片技术

边缘计算的蓬勃发展离不开为其提供强大计算能力的芯片技术，边缘计算芯片可以将计算和存储能力放在离数据源和终端设备更近的位置，从而提高相应速度和数据传输效率。目前，市面上主要有以下四种类型的边缘计算芯片。

（1）ARM 架构芯片。ARM 架构芯片是目前应用最广泛的边缘计算芯片之一。它采用低功耗设计，可以更好地适用于移动设备、物联网设备、嵌入式系统和边缘计算等各种场景，提供高效的计算能力、长续航和可靠性。

在输变电设备管理中，ARM 芯片主要用于输电线路边缘计算场景。ARM 芯片作为输电边缘计算节点处理器，能够在低功耗、多传感器接口、实时数据处理和抗环境干扰等条件下，实现对输电线路的温度、湿度和振动等参数的长期稳定监测。常见的 ARM 架构芯片有英特尔的 Atom 芯片、高通的 Snapdragon 芯片等。Atom 芯片如图 5-1 所示。

图 5-1　Atom 芯片

（2）GPU 芯片。GPU 芯片可以实现高速并行计算，能够为图像、视频、深度学习等提供强大的计算支持。在变电站智能巡视中，GPU 芯片发挥重要作用。利用摄像头和图像识别技术，实现对变电站设备的自动化巡视和监控，摄像头采集到变电站设备的图像或视频后，GPU 芯片进行实时图像处理和识别。它使用深度学习和计算机视觉算法，检测设备的状态、异常情况或潜在问题。例如，GPU 芯片可以识别设备的热点、损坏、腐蚀等，并预测设备的寿命和维护需求。这些信息可以帮助运维人员及时采取行动，避免设备故障和事故的发生。NVIDIA 的 TeslaP40 芯片如图 5-2 所示，被广泛应用于边缘计算领域。

图 5-2 TeslaP40 芯片

（3）FPGA 芯片。FPGA 芯片是一种可编程的逻辑器件，具有高度的灵活性和计算能力。在边缘计算领域具有重要的作用，能够快速、高效地处理数据。它可以使用图像识别、运动检测、目标跟踪等算法，从图像中识别和分析出关键信息，如人物、车辆、异常行为等。这些信息可以用于安全监控、入侵检测等场景，提供实时的监控和警报功能。在输变电工程施工安全监护中，FPGA 芯片可以集成在移动式布控球中，用于实时监测和智能分析。在输变电工程施工期间，对设备和施工现场进行安全监护，确保工作人员和设备的安全。常见的 FGPA 芯片有英特尔的 Arria 10 芯片、Xilinx 的 Zynq 芯片等。

（4）ASIC 芯片。ASIC 芯片是一种专门为某项特定任务而设计的芯片，它可以提供高度定制的计算功能，在边缘计算领域中有着广泛的应用前景，可用于实现输变电系统的保护与控制功能。它可以包含各种保护算法和控制逻辑，用于实时监测电力系统的状态并确保其安全运行。ASIC 芯片通常具有快速响应和高可靠性的特性，能够快速检测故障，触发保护动作，并对设备进行控制。ASIC 芯片的主要优点是高效性能和低功耗，但 ASIC 芯片的设计和制造过程比较复杂，需要耗费较大的成本和时间。

总之，边缘计算芯片的种类很多，每种芯片都有其自身的特点和优势。在实际的应用中，可以根据具体的场景和需求选择合适的芯片，随着边缘计算技术的不断发展，边缘计算芯片也将不断地更新和升级。

2. 通信技术

边缘计算主要处理由感知终端采集的海量实时数据，这些数据需要以一种高速、低时延的方式传输到边缘服务器，因此一种适用于边缘计算的通信技术就显得尤为重要。边缘计算通信技术是支持边缘计算架构的基础，它提供了快速、稳定、实时和安全的数据传输通道，确保了边缘设备与边缘计算节点之间的可靠通信。边缘计算通信技术包括有线通信技术和无线通信技术，有线通信技术分为同轴电缆、电力线通信和以太网等，无线通信技术主要有蓝牙技术、Zigbee 技术、物联网窄带通信 LoRaWAN 和 5G 通信技术等。

3. 存储技术

边缘计算技术中，存储技术的选择通常需要考虑设备资源限制、数据安全性要求和数据处理效率等因素。

（1）分布式存储。在物联网边缘计算场景中，可能涉及多个边缘设备或节点之间的数据共享和访问需求。分布式文件系统使用数据冗余技术来保证数据的可靠性和高可用性，它将数据分布在多个存储节点上，即使某个节点发生故障，数据仍然可用。分布式文件系统还可以进行水平扩展，即添加更多的存储节点来处理更大规模的数据，可以通过添加新的存储节点和重新分布数据来实现，而不会中断正在进行的操作。另外，分布式文件系统将数据分布在多个存储节点上，以实现负载均衡，它可以根据节点的性能和负载情况将数据均匀地分布到各个节点上，以提高系统的性能和吞吐量。

（2）对象存储。物联网边缘计算中产生的数据包括部分大规模的非结构化数据，对象存储是一种适合存储这种类型数据的存储技术。对象存储将数据以对象的形式进行存储和管理，每个对象都有一个唯一的标识符。通过该标识符来访问和获取对象的内容，可以高效地存储、检索和管理大量的数据，并具备高可扩展性和数据冗余特性。

（3）边缘缓存。为了提高数据访问的效率，物联网边缘设备可以使用边缘缓存技术。边缘缓存将频繁访问的数据或计算结果存储在边缘设备的缓存中，在需要时可以快速获取，减少对后端服务器的访问。边缘缓存可以运用于各种物联网应用场景中，例如，在一个输变电物联网中，将常用的生产数据缓存在边缘设备上，以便系统设备在网络异常时仍能正常运行。

（4）数据压缩存储。在存储技术中，数据压缩是一种减少数据存储量的方法。边缘设备通常具有有限的存储容量，而物联网产生的数据量往往较大。通过数据压缩和压缩算法，可以将数据转化为更紧凑的形式，减少占用的存储空间，从而使边缘设备能够存储更多的数据。同时数据压缩能够减少数据传输的时间和能耗，从而提高边缘设备与云端或中心服务器之间的数据传输效率。这对于实时性要求高的应用，以及在有限带宽或不稳定网络环境下的物联网应用尤为重要。

（5）云端存储。在物联网边缘计算中，云端存储通常用于长期存储和备份重要的数据。云端存储可以作为集中式的数据汇聚点，将边缘设备收集的数据集中存储在云端。通过云端的高性能计算和强大的数据处理能力，可以对存储在云端的数据进行深度分析、挖掘和处理，从而提取有用的信息和洞察，并支持更高级别的分析和决策。同时云端存储提供了一个统一的数据存储和共享平台，不同的边缘设备和应用可以通过云端存储实现数据的共享和协作。多个边缘设备之间可以共享数据，云端存储还可以支持跨设备之间的协同工作，实现更复杂的物联网应用和场景。

综上所述，物联网边缘计算中的存储技术涵盖了分布式存储、对象存储、边缘缓存、数据压缩存储及云端存储等多种方法，旨在提供高效、安全、可靠的数据存储方案，满足物联网设备需求，在一定程度上减轻了云端存储的压力。

4.边缘计算节点硬件设备

（1）输电边缘计算节点设备架构。输电边缘计算节点设备架构设计如图5-3所示。输电接入节点设备适用于输电线路、杆塔等各类设备状态监测场景，支持节点设备间的灵活组网、监测装置的标准化接入以及监测数据的4G APN加密回传，可接入物联网管理平台。输电边缘计算节点硬件电路主要由低功耗微控制器（MCU）、电源模块（PMU）、无线通信模块及4G模组组成。低功耗微控制器是输电超低功耗节点的核心，是专门设计用于在极低功耗状态下运行，集成了处理器、内存、存储和一些外设接口；该控制器具有多种睡眠模式，可以在需要时切换到不同的功耗级别，从而节省能量。电源模块是专门用于管理节点电源系统的单元，它负责监测电源电压、电流和功耗，并根据需要调整电源供应以优化能源消耗。无线通信模块包含了低功耗通信模组以及微功率通信模组，主要用于与其他节点或传感器进行无线通信，实现可靠的数据传输。4G 通信模组主要用于与物联网管理平台进行连接，实现数据上报和控制指令的接受。

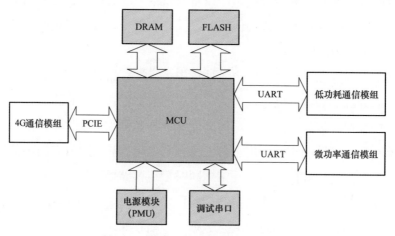

图 5-3 输电边缘计算节点设备架构

（2）变电边缘计算节点设备架构。变电边缘计算节点设备架构设计如图 5-4 所示。变电接入节点适用于变电设备状态监测场景，支持传感器数据标准化接入以及 MQTT、DL/T 860、DL/T 634.5104 等云边交互协议。网关集成了高性能计算模块，配合内置边缘计算操作系统，具备强大的边缘处理能力，支持第三方应用、算法的搭载和运行，实现传感器、视频等宽窄带数据的就地处理、分析，以及对终端设备的控制。变电边缘计算节点硬件电路主要由通用处理器（CPU）、微处理器（MCU）、电源模块（PMU）及无线通信模块组成。通用处理器是变电边缘计算节点的核心处理单元，集成了内存（DDR3）、存储（EMMC）和一些外设接口，负责传感器数据的边缘计算以及存储、上报。微处理器配合通用处理器负责与通信模组的数据、指令通信，实现对低功耗通信模组及微功率通信模组的管理。电源模块是专门用于管理节点电源系统的单元，它负责监测电源电压、电流和功耗，同时具备抗电涌、电磁兼容等特点。无线通信模块包含了低功耗通信模组及微功率通信模组，主要用于与其他节点或传感器进行无线通信，实现可靠的数据传输。

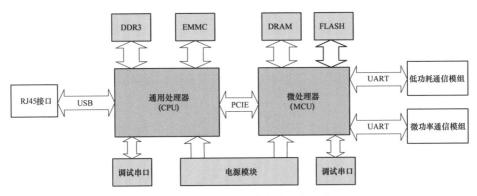

图 5-4　变电边缘计算节点设备架构

5.1.2　软件平台技术

　　边缘计算技术中的软件平台技术包括边缘操作系统技术、协同技术等，涵盖分布式计算和任务调度、容器化和虚拟化、数据管理和存储、实时数据处理和流式计算、安全和隐私保护以及远程管理和监控等方面。这些软件技术能够提供边缘计算任务的管理、数据处理和存储、安全保护以及设备管理和监控等功能，支持物联网应用在边缘环境中的部署和执行。下面主要介绍边缘计算技术中的边缘操作系统和协同技术。

　　1.边缘操作系统技术

　　边缘计算操作系统是一种专门为边缘计算环境设计的操作系统，向下管理异构的计算资源，向上对大量不同类型的数据和应用进行部署、调度、迁移，以此来确保运算任务的可靠性，并使资源得到最大程度的使用。它能够提供更高效、更安全、更可靠的计算和存储能力，从而为物联网设备提供更智能的支持。边缘计算操作系统通过将计算和存储能力分布在物联网设备的边缘，使得设备能够更快速地响应和处理数据，从而实现更快速、更智能的交互。由于物联网设备的复杂性和数量，设备之间的通信和交互容易出现故障和错误，边缘计算操作系统还可以通过实时监控和故障检测来确保设备的稳定性和可靠性，从而保证设备的正常运行和数据的准确性。同时，边缘操作系统还需要边缘计算框架来提供资源管理、任务协调、数据传输、应用开发、安全性等方面的支持，以满足边缘计算的需求。

边缘计算框架是一种软件基础设施，旨在支持边缘计算的开发、部署和管理。它提供了一个完整的平台，可在边缘设备上执行计算任务，并处理来自传感器、设备和其他数据源的数据。边缘计算框架的目标是在边缘设备上处理数据，从而减少数据传输延迟、提高响应速度以及降低带宽。

2. 协同技术

边缘计算的协同技术主要分为云边协同和边边协同两种。

（1）云边协同。云边协同是受到广泛关注的一种协同计算形式，意为云计算与边缘计算相互弥补、协同工作。边缘计算是云计算的延续，在云边协同当中，云端主要执行大数据分析、模型训练、算法更新等任务，而边缘端负责对就近的信息进行数据的计算、存储和传输。以变电场景为例，云边协同框架如图 5-5 所示。

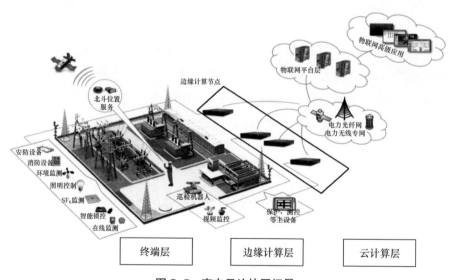

图 5-5　变电云边协同场景

终端层由海量部署的电力终端设备构成，采用先进传感技术对变电站环境量、状态量、电气量、行为量进行实时采集，如电流互感器、油压监测装置、变压器套管一体化内部状态监测装置、数字化气体继电器、声学照相机等，实现变电设备状态全方位实时感知。

边缘计算层由边缘节点构成，对终端层上传的数据进行简单计算和初步处理，同时与云中心进行交互，如根据站内感知数据，快速判断预警、异常、故障、火灾、暴雨等情况，站内边缘节点主动联动机器人、视频监控、灯光、环境监控、消防等设备设施，立体呈现现场运行情况，实现主辅设备智能联动、协同控制，为设备异常判别和指挥决策提供信息支撑。

云计算层作为数据处理的中心，具有大规模的数据存储和计算功能，当需要处理超过边缘计算层处理能力的任务时，云计算层可以作为边缘计算层的补充为终端提供完整的服务。如对多个站点的设备监视数据、离线检测试验数据等，基于图像识别、智能推理及大数据等智能分析技术，采用变电设备状态实时预警模型、设备缺陷自动分析模型及设备缺陷处理策略模型，实现基于多源数据分析的变电设备缺陷主动预警与健康评估。

（2）边边协同。边边协同是指边缘侧与边缘侧之间建立安全的通信机制，利用不同边缘端的信息就地进行数据共享与协同。电力系统的任务往往具有复杂性和多样性，需要借助多源数据和多种算法才能完成。边缘计算将数据保存在数据生产者的位置，由于边缘计算设备计算能力有限，这种边缘节点只与云端交互的模式会导致不同边缘节点间彼此孤立，形成数据孤岛和功能孤岛，影响应用服务质量。在此情况下，采用边边协同的方式可以在保护数据隐私的同时提高应用服务质量。

5.1.3　业务应用技术

业务应用技术是边缘计算技术中的重要部分，它主要实现业务应用的协同部署运行和专业数据分析。为了实现这一目标，边缘计算中广泛应用了隔离技术和智能技术。隔离技术确保不同的业务应用之间的资源隔离和安全性，以防止互相干扰和数据泄露；而智能技术则使得边缘设备能够进行智能数据分析和自动决策，提供更高效的业务应用能力。

1. 隔离技术

隔离技术是支撑边缘计算稳健发展的研究技术，边缘设备需要通过有效的隔离技术来保证服务的可靠性和服务质量。隔离技术需要考虑两个方面：一方面是计算资源的隔离，即应用程序间不能相互干扰；另一方面是数据的隔离，即不同应用程序应具有不同的访问权限。

在边缘计算场景下，由于边缘设备数量众多、资源有限，并且承载着多个应用程序或服务，一个程序的崩溃可能对其他程序以及整个系统产生严重后果。隔离技术有助于降低故障的影响范围，保护边缘计算环境的稳定性和安全性。目前输变电物联网边缘计算技术主要应用 Docker 技术。

Docker 技术是基于 Go 语言实现的开源 Linux 容器技术，可以作为隔离技术的一种实现方式，其提供高效、敏捷和轻量级的容器解决方案。将应用程序及其依赖库进行容器化处理，可以实现更快速的交付部署、更便捷的升级更新以及更高效的资源利用。通过研究应用管理的云边解决方案、云端仓库技术、边端应用管理技术，实现对应用的远程运维，包括应用的安装、卸载及更新等功能，关注应用管理过程中的稳定性和鲁棒性。作为一种新兴的虚拟化方式，Docker 跟传统的虚拟化方式相比具有很多优势。首先，Docker 容器可以实现秒级启动，相比传统的虚拟机方式要快得多；其次，Docker 对系统资源的利用率很高，一台主机上可以同时运行数千个 Docker 容器。容器除了运行其中的应用外，基本不消耗额外的系统资源，使得应用的性能很高，同时系统的开销尽量小。传统虚拟机方式运行 10 个不同的应用就要启动 10 个虚拟机，而 Docker 只需要启动 10 个隔离的应用即可。

2. 智能技术

深度学习、神经网络、强化学习等智能算法部署在边缘计算的框架中，利用分布式的智能终端承担复杂系统的计算任务，为边缘侧应用提供强有力的支持。现阶段由于大部分的智能算法和模型较为复杂，边缘侧设备的性能一般难以满足要求，使得智能计算服务通常被部署在云中心以处理业务需求。然而，此类中心式架构不能满足一些超实时应用需求，如实时分析、智能制造等，因此在边缘侧部署智能算法能扩展边缘计算的应用场景。

以深度学习为例，深度学习是被广泛应用于电力系统的一种智能算法，它要求边缘计算设备需要具有相应的承载算力。基于前述云边协同技术，云中心首先将训练好的深度学习模型进行分割，并下沉到不同的边缘节点，边缘节点下层智能终端对采集的数据进行预处理，利用熟数据和卷积神经网络进行计算并将结果返回到云中心。云中心将边缘节点返回的节点输入到全连接卷积神经网络，从而得到最终的结果。

5.1.4 优势分析

对于输变电物联网而言，当前存在数据通信时延高、网络资源消耗大、不能实时监测故障等问题。针对这些数据问题，将边缘计算引入输变电物联网中成为一种必然的趋势，其应用到输变电物联网具有以下优势。

1.降低通信时延

时延是网络中的重要的性能参数，传统的云计算不能满足低时延的要求。此外，当前电力设备的空间分布愈加分散，这种中心化的计算模式会进一步增加数据的通信时延。鉴于边缘计算有着近设备端的特点，在数据源头执行计算任务，可以有效减少数据在中间节点的通信条数和链路中的传播时延，从而大幅降低数据在传输过程中的时延。

2.降低网络资源消耗

由于我国输变电设备繁多，各个地区会产生大量的、不同种类的电力数据。如果这些数据全都通过云服务中心处理，会加重云服务中心的计算负担。此外，这种繁杂数据会增加通信过程中的网络资源开销，如链路带宽、节点缓存等。

与集中式的云服务不同，边缘计算节点仅负责其区域内的设备和用户。人工智能技术和边缘计算技术可以使边缘计算节点有效地了解边缘计算的需求、感知设备和周边环境的信息。通过边缘计算节点的学习能力，可以实现设备模式和用户行为的智能优化和个性化定制。同时，利用卸载技术将云服务中心的部分计算逻辑卸载到边缘计算节点上，使得边缘计算节点可以在近用户端和近设备端对数据进行处理和计算。通过这种方式，边缘计算节点可以为云服务中心过滤掉设备和用户产生的大部分数据，大大减少了传输链路的带宽消耗、中间节点的缓存消耗以及上传的数据量。

3. 提升通信鲁棒性

若在数据的传输过程中某一节点出现故障则会导致通信连接中断，可能会进一步导致级联故障，使部分计算任务无法达到预期效果。与传统的中心化思维不同，边缘计算节点分布式部署在近设备端和近用户端，而且计算算法和应用可以分布式卸载至某些计算节点中。这种分布式系统使得边缘计算的单点故障影响范围比云计算小得多，所以边缘计算设备的修复机制使边缘计算系统具有较强的鲁棒性。即使某个计算节点由于故障导致暂时不可用，边缘计算系统也可以将失败的任务进一步复制到其他边缘计算节点，以保证某些计算任务的正常进行，有效避免通信连接中断导致的级联故障。

4. 提高用户隐私与数据安全性

物联网设备可能会生成一些涉及用户隐私的信息，如用户不希望把自己的信息毫无保留地传输至云计算中心。将这些信息进行本地保存和处理，可以保护用户隐私。从数据安全角度，即便未来技术可以解决带宽、延迟等问题，数据上传到云端的传输过程中依然存在着被侵犯的风险，甚至有可能导致整个云数据库受到攻击。如果在边缘节点对数据进行局部处理而非全部上传到云端，那么即使遭受攻击也不会波及整个云数据库，从而降低数据安全的风险。

5. 提高故障检测率

边缘计算节点可以快速处理和分析输变电网络中的大量传感器数据，通过实时监控和分析可以及时发现潜在的故障或异常情况，并采取相应的措施进行故障诊断和预防性维护。这有助于减少事故的发生，提高输变电系统的可靠性和稳定性。

5.2　物联网边缘计算框架

由于边缘计算技术前端处理能力有限，数据处理算法应具备轻量化、高效化的特点，因此需要提供一个开放性高、兼容性强的应用运行环境以完成数据收取、解析、流转和云边协同任务。物联网边缘计算框架提供了一种分布式的应用环境，将计算和数据处理从云端向边缘层推进，以满足物联网应用对数据获取、分析、云边交互的需求，提升物联网系统的性能、可靠性和响应速度，促进物联网技术的广泛应用和发展。

5.2.1　边缘计算框架简介

边缘计算框架是实现不同应用兼容的统一软件框架，实现边缘计算软件功能在不同硬件平台上的动态迁移及可靠运行，兼容多种编程语言，利于多类型设备接入与消息转发，兼容常用的四十多种工业现场总线协议与标准以实现互联互通互操作，采用面向服务的微服务架构，便于边缘应用功能的及时变更与随需迭代。

5.2.1.1　边缘计算框架技术现状

边缘计算框架是指用于支持边缘计算架构的软件和硬件基础设施。目前，边缘计算框架正处于不断发展和完善的阶段，相对成熟的边缘计算框架有百度云 OpenEdge、百度 Baetyl、阿里云 LinkEdge 以及完全开源的 EdgeXFoundry 等。

1. OpenEdge 框架

OpenEdge 是百度云开源的边缘计算相关产品，可将云计算能力拓展至用户现场，提供临时离线、低延时的计算服务，包括设备接入、消息路由、消息远程同步、函数计算等功能。OpenEdge 和智能边缘 BIE 云端管理套件配合使用，通过在云端进行智能边缘核心设备的建立、身份制定、策略规则制定、函数编写，然后生成配置文件下发至 OpenEdge 本地运行包，可实现云端管理和应用下发、边缘设备上运行应用的效果，满足各种边缘计算场景。OpenEdge 的优势在于函数计算功能强大，支持基于 SQL、Python 等语言的函数编写和运行，框架部署简单；OpenEdge 推行 Docker 容器化，开发者可以根据 OpenEdge 源码包中各模块的 DockerFile 快速构建 OpenEdge 运行环境。但是 OpenEdge 的缺点也同样明显，设备接入协议单一，仅支持设备基于标准 MQTT 协议（V3.1 和 V3.1.1 版本）与 OpenEdge 建立连接，应用配置如规则引擎、函数计算等都需要依赖百度云平台下发，无法在离线环境中使用。

2. Baetyl 框架

Baetyl 是百度公司发布的开源物联网边缘计算框架，可将云计算能力扩展至用户现场，提供临时离线、低延时的计算服务，包括设备接入、消息路由、消息远程同步、函数计算、设备信息上报、配置下发等功能。Baetyl 的优势在于其轻量级、灵活性和高可用性。Baetyl 提供了丰富的功能和工具，开发人员可以更方便地管理和连接物联网设备，实现设备的远程控制和监测，从而提升系统的性能和响应能力。同时，Baetyl 还支持云端管理和监控，用户可以更方便管理和部署应用程序，监控设备的状态和性能，并进行实时数据分析和远程配置。但 Baetyl 也存在不足之处，Baetyl 是相对较新的边缘计算框架，其生态系统相对较小，插件和扩展性资源可能不够丰富。

3. EdgeXFoundry 框架

EdgeXFoundry 是完全开源的边缘计算框架，旨在创造一个互操作性、即插即用、模块化的物联网边缘计算的生态系统。框架运行在网络的边缘，可以与设备、传感器以及其他物联网对象进行数据交互。EdgeXFoundry 由众多微服务构建，包含了设备服务、数据服务、命令服务、元数据服务及规则引擎等服务。EdgeXFoundry 的优势在于设备注册规范，要求设备与设备配置文件、设备服务绑定；设备接入协议丰富，支持 MQTT、Modbus 等协议以及设备 SDK 开发；框架可离线运行，框架通过 Restful 接口与平台交互，设备注册、规则下发等不依赖于云端；部署和更新方案成熟，框架采用 Docker 方式部署，从云端获取安装素材，同时通过修改 Docker 配置文件中各模块的版本号可以实现框架更新。EdgeXFoundry 目前最大的缺陷是函数计算能力弱，只支持简单的四则运算，不支持 Python、SQL 等高级函数计算。

4. LinkEdge 框架

LinkEdge 是阿里巴巴在边缘计算领域推出的第一款产品，将集合云计算、大数据、人工智能的优势拓展到物联网边端，打造云、边、端一体化的协同的阿里云计算体系。LinkEdge 支持 Linux、Windows、RaspberryPi 等多种环境，可以在车载中控、工业流水线控制台、路由器等平台上进行部署。LinkEdge 主打人工智能技术的应用，比如基于生物识别技术的智能云锁，可以借助本地家庭网关的计算能力，在无网络情况下也能实现无延时顺利开锁。数据云与边缘的协同计算，还能实现场景化联动，比如开门瞬间客厅里的灯也将自动打开。此外，LinkEdge 还可以提升 AI 实践效率，借助 LinkEdge 将深度学习的分析、训练过程放在云端，将生成的模型部署在边缘网关直接执行，优化产品良率、提升产能。借助阿里云的云计算、大数据、人工智能的优势，

LinkEdge 可以将语音识别、视频识别能 AI 能力下沉至设备终端，让设备在脱网离线情况下也能运行。

5.2.1.2　输变电物联网边缘计算框架设计

为了充分发挥边缘计算在输变电物联网环境中的优势，特别是满足实时性、降低数据传输、保护隐私和提高灵活性等方面的需求，需要设计其内部适用的边缘计算框架。

1.设计目标定位及原则

输变电设备物联网数据按照其类型，可分为窄带数据和宽带数据，其中宽带部分多以视频、图像分析应用系统形式独立存在，其边缘计算框架往往不需要兼容多厂商算法，因此不再赘述。与之相反，窄带数据如设备状态、动力环境监测数据，由于其终端厂商众多，数据格式各异，数据分析需要依赖各厂商自行开发应用，因此需要边缘计算系统提供统一的应用搭载运行环境，进而应对框架服务进行单独的考量。下面重点介绍窄带部分的目标定位及设计原则。

（1）目标定位。通过对输变电物联网业务需求分析可知，边缘计算框架以统一接入、边缘智能为核心特点，采用软件 App 化的方法，具备采集、通信、计算分析和控制等功能，可以实现各类感知设备和采集终端的统一接入和数据采集、业务应用与设备控制管理、数据交互与边缘计算等主要功能。

1）设备接入与管理：实现异构终端、协议泛在接入、数据采集以及面向全业务场景的统一控制与管理。

2）应用控制：支持物联管理平台实现对边缘端业务 App 的启停和升级配置等功能的控制。

3）数据共享：在边缘计算架构中，利用边缘计算架构所提供的数据缓存功能，可以实现 App 之间的数据共享。

4）边缘计算能力：边缘计算框架在边缘侧对实时数据、历史数据和模型数据进行分析处理。

5）安全接入：采用安全操作系统、安全芯片等软件和硬件技术，保障了系统的安全可靠性，从而达到对电网本体安全保护的要求。

（2）设计原则。边缘计算框架位于输变电物联网的感知层，通过与物联管理平台的业务和管理数据交互，来实现对边缘物联代理的管理以及数据采集、存储和分析等功能。边缘计算框架总体设计有如下要求：

1）边端分离、边管公用：作为一种统一边缘计算框架，边缘物联代理与感知采集终端的功能实现分离，并实现海量终端的统一接入及采集数据源头的统一，解决各专业重复建设、数据共享等难题。

2）可靠、可控、可定制：统一物联感知体系能在技术上形成统一的标准，并充分利用网络的先进技术。

3）安全与易用兼顾：通过在内网中延续已有的安全防护措施，在互联网侧使用与互联网架构相适应的一般安全防护方案，使用户终端能够安全、便捷地接入。

4）可扩展性：根据统一的框架，各个专业可以根据通用的功能进行扩充，以此适应各种业务情况下的定制功能要求。

2. 输变电物联网边缘计算框架

在充分满足边缘计算框架目标定位及基本原则的基础上，提出如图 5-6 所示的输变电物联网边缘计算框架的总体架构。

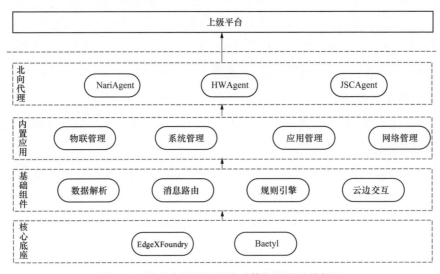

图 5-6　输变电物联网边缘计算框架的总体框架

边缘计算框架主要由核心底座、基础组件、内置应用及北向代理组成，核心底座主要由 EdgeXFoundry 和 Baetyl 组成,EdgeXFoundry 负责传感器模型管理、模型校核、数据转发等功能,Baetyl 负责支撑边缘侧的流式计算、规则引擎功能。

基础组件包含了数据解析组件、消息路由组件、规则引擎组件和云边交互组件。其中,数据解析组件负责传感器原始报文的解析,根据 Q/GDW 12184—2021《输变电设备物联网传感器数据通信规约》解析成 JSON 格式的应用层数据。

内置应用包含了物联管理 App、系统管理 App、应用管理 App 及网络管理 App,其中物联管理 App 负责端设备的管理,包括传感器管理、传感器模型管理、电力设备台账管理以及传感器数据查看等功能。系统管理 App 负责节点设备的管理,包含了设备状态监控、设备状态告警、设备日志管理、容器状态监控、容器状态告警及容器日志管理等功能。应用管理 App 对节点侧的应用进行管理,实现应用的安装、卸载、更新等功能。网络管理 App 则是负责对现场传感网的管理,包括网络拓扑查看、网络节点状态监管、网络通信配置管理等功能。

北向代理是为对接各个物管平台单独开发的 Agent 服务,目的是为了将各个平台关于边设备管理、端设备管理、应用管理以及业务数据管理的定制化需求(主要集中在接口形式、调用方式以及数据、文件交互方式等方面)与边缘软件底层的核心底座、基础组件以及内置应用分割开,降低边缘软件适配物管平台的成本。

5.2.2 数据解析

在边缘计算环境中,通常存在大量的传感器和设备生成的原始数据。这些原始数据可能包含大量的冗余、噪声或不必要的信息,并且边缘计算设备计算和存储资源能力有限,无法处理和存储大规模的原始数据。通过数据解析,可以对这些原始数据进行处理、压缩和过滤,将原始数据转换为更加紧凑和结构化的格式,方便设备进行快速的数据处理和分析。这样可以减少计算负载,提高边缘设备的响应速度和效率。

数据规约解析服务以 Docker 的形式部署在边设备上,通过 MQTT 协议订阅传感器上传的原始数据报文，根据 Q/GDW 12184—2021《输变电设备物联网传感器数据通信规约》的要求，将原始报文解析成应用层所需的 JSON 数据格式，然后将数据上报给边缘计算框架。传感器规约调试人员、现场集成调试人员都会关注传感器原始报文的上报情况、传感器原始报文的解析情况，通过可视化工具全流程展示传感器原始报文的上报情况、定位原始报文在解析过程中出现的异常问题，可以极大提高传感器研发、传感器上线测试的时间。根据报文的类型与报文解析状态，划分为常规报文、分片报文、异常报文三大模块，方便用户快速定位到所关注的传感器，查看详细的报文信息。

1. 常规报文解析功能

常规报文解析实现非分片传输报文的解析功能，主要包括：

（1）具备按已接收到的报文条目关联对应传感器功能，并给出最近上报时间以及实时解析状态等信息，支持通过传感器代码及业务类型进行检索。

（2）具备按传感器维度归纳上报的最新报文及历史报文功能，可通过选择传感器列表中的传感器查看该传感器的实时和历史报文解析信息。

（3）报文信息应包含报文类型、解析状态、参量个数、CRC 校验结果、上报时间以及逗号分隔的 16 进制原始报文等基本信息，还有参量序号、参量长度、参量的物模型标识符以及参量的数值等报文解析结果。

（4）若解析异常则应提供报文解析错误信息，主要包括异常类型及具体的报错内容。

2. 分片报文解析功能

分片报文解析实现得到所有分片传输的报文解析结果的功能，主要包括：

（1）具备按已接收到的报文条目关联对应传感器的功能，并给出传感器代码、是否分片、最近上报时间以及实时解析状态等信息，支持通过传感器代码进行检索。

（2）具备归纳每个分片策略传感器上报的最新报文及历史报文功能，可通过选择传感器列表中的传感器，查看该传感器的实时和历史报文解析信息。

（3）分片信息应包含 SDU 序号、PDU 序号、分片类型、上报时间、CRC 校验结果、ACK 应答状态以及分片和 ACK 的原始报文等。

（4）若分片报文解析异常则应提供解析错误信息，主要包括异常类型及具体的报错内容。

3. 异常报文解析功能

异常报文解析实现非分片传感数据和分片传感数据中异常报文历史记录功能，主要包括：

（1）具备按已接收到的报文条目关联对应传感器的功能，并给出传感器代码、是否分片和最近一次异常上报时间等信息，支持通过传感器代码进行检索。

（2）可以得到所有出现过异常报文的传感器以及这些传感器对应的历史异常解析结果，每个传感器的异常记录最多展示 10 条。

（3）报文信息应包含报文类型、是否分片、异常原因、参量个数、CRC检测、分片详情和上报时间，以及报文详情操作和删除历史异常报文操作。

5.2.3 系统管理

物联网边缘计算面临的问题包括设备管理和监控、安全性和隐私保护、资源优化和负载均衡、故障监测和容错机制以及部署和升级管理。通过系统管理，可以解决这些问题，从而确保物联网边缘计算系统的可管理性、安全性和稳定性。系统管理实现了对边缘代理上的边缘计算框架、内置应用、第三方应用等组件基础信息以及实时状态查看、启停操作、配置下发等功能，同时通过异步管理服务实现组件状态上报物联平台并接收平台下发的启停操作和配置信息等。此外，系统管理还是边设备管理、框架管理和容器管理的上层管理者，负责整体的资源调度、任务分配和监控。边设备管理、框架管理和容器管理作为系统管理的子模块，需要在系统管理的指导下完成具体的边设备管理、框架管理和容器管理任务。它们共同协作，实现物联网边缘计算系统的高效运行和应用部署。

1. 系统管理功能

系统管理提供边缘计算网关中模块的查看、启动、关闭、重启及配置下发的功能，模块包含了内置应用、第三方应用、边缘计算框架及主控服务等类型。

（1）查看服务状态。在系统管理中以列表的形式显示系统中的服务，以及对应服务的名称、服务类型、服务状态、创建时间等信息。支持服务日志远程查看，可以设置日志类型和查看日志的条数；支持设备实时状态查看，包括内存、CPU、硬盘使用情况、数据接入速率、最近启动时间以及已经安装的 App 数量等信息。

（2）服务开关机、重启。系统管理支持服务的开关机和重启操作，可以将处于运行状态的服务关机或重启，将处于关机状态的服务开机。

（3）服务配置下发。系统管理支持下发配置到对应的服务，支持选择本地配置文件进行配置下发。

2. 边设备管理功能

边缘计算框架的边设备管理支持设备信息查询及配置管理，并符合以下要求：

（1）应能查询边设备配置信息、网络带宽使用情况、软硬件版本信息等。

（2）应能配置边设备名称、网络信息、设备当前时间、CPU 及内存告警门限等。

（3）应具备边设备的状态监控、事件上报及远程运维功能。

3. 框架管理功能

边缘计算框架的框架管理应满足以下要求：

（1）提供对边缘计算框架监视功能，包括 CPU、内存、网络、存储的状态监视。

（2）支持对框架的远程重启、配置和升级等功能。

4. 应用 / 容器管理功能

边缘计算框架的应用 / 容器管理应满足以下要求：

（1）支持配置和修改容器资源，包括 CPU 资源可利用的上限、内存可利用的上限，配置和修改容器资源应不影响已部署应用软件的运行。

（2）支持查询容器信息，包括容器列表、容器版本信息和容器运行状态。

（3）支持容器本地及远程启动、停止、安装、升级和卸载以及远程应用下发功能。

（4）支持容器监控功能，包括容器事件、存储使用率、CPU 占用率、内存占用率等，对 CPU 占有率越限、存储资源越限、内存占用率越限应上报告警并重启容器。

（5）应支持任意两容器间通过消息总线进行通信和数据交互。

5.2.4 消息路由

边缘计算中存在分布式消息传递、网络拓扑动态变化、延迟和带宽限制、大规模消息处理以及安全性和隐私保护等问题。消息路由可以解决这些问题，提供可靠的分布式消息传递机制，以适应动态的网络拓扑变化。消息路由可以实现输变电设备物联网边缘计算应用软件与边缘计算通用框架之间、边缘计算应用软件相互之间的设备数据和业务数据交互。

消息路由即通过路由规则动态规划消息的传输路径，使消息按照过滤条件，从消息源头节点路由到消息的目标节点。通过消息路由，可实现对数据路由的灵活控制并提高数据安全性。用户通过设置消息路由路径可实现消息在 EdgeXFoundry 框架、函数计算（第三方 App）以及平台之间的流转。目前，消息路由同时支持设置多条路由转发路径，包含设备数据到函数计算（第三方 App）、设备数据到云平台、函数计算（第三方 App）到函数计算（第三方 App）以及函数计算（第三方 App）到云平台的数据流转，如图 5-7 所示。

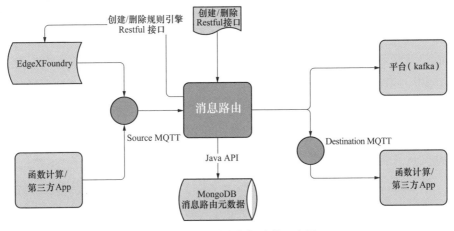

图 5-7 消息路由数据流转示意图

消息路由数据处理工作流程包含了目标数据的订阅、数据规整及数据转发，提供设备数据到物联网管理平台、其他云平台、第三方 App 的数据流转功能，选择设备数据作为来源的方式有以下三种：

（1）选择所有传感器时，所有传感器的数据都将转发到消息目标方。

（2）选择某一类型传感器时，所选中类型的传感器数据将被转发到消息目标方。

（3）直接选择某些传感器时，被选中的传感器数据将被转发到消息目标方。

消息路由还提供第三方 App 到物联网管理云平台、其他云平台、第三方 App 的数据流转功能。选择第三方 App 数据作为来源方式为：在消息来源处选择对应的第三方 App，同时提供该 App 的地址和数据输出的主题。

消息路由对于第三方 App 数据进行透传，对于设备数据，用户可以选择透传，边缘计算框架也提供了数据整合功能，采用拉格朗日差值法对路由数据进行拟合。以路由规则中传感器采样频率最久的间隔作为任务间隔，构建拟合函数，计算当前传感器属性值。数据按传感器类型存储在内存中，区别于按路由类型存储，避免重复数据的产生。每种类型仅存储 3~4 条最新数据用于数据拟合。为避免老旧数据对算法的影响，系统开启定时清理，以确保数据的实时性和可靠性。

5.2.5 规则引擎

边缘计算环境中的设备和传感器通常会产生大量实时数据，这些数据需要在边缘设备上进行实时处理和决策，以快速响应各种事件和条件。规则引擎能够基于事先定义好的规则和策略，实时分析和处理数据，做出相应的决策和响应。规则引擎在智能边缘应用中扮演着重要角色，它能够实现实时决策和响应、复杂事件处理、数据筛选和处理，并提供灵活的应用逻辑。规则引擎为智能边缘应用提供了智能化、实时化和自动化的数据处理和决策能力，帮助优化智能边缘应用的功能和性能。

智能边缘应用内置算法编辑功能，支持 Python、SQL 等编程语言，实现算法的在线编辑、修改、发布以及计算结果查看。对于简单算法，用户可以通过智能边缘实现，无需单独开发应用。

对于输变电设备物联网，智能边缘应用可转发传感器数据并对传感器数据进行简单的处理，其应用接口应具备以下功能：

（1）规则的创建功能。用户填写输入变量、输出变量以及处理脚本后创建规则，根据规则新建消息路由，根据脚本类型更新 Baetyl 边缘计算框架配置并重启框架，最后将规则存储到数据库。

（2）规则的删除功能。用户删除已创建的规则，规则引擎根据该条规则对应的唯一 ID 标识，查找对应该规则数据源的消息路由，逐步删除消息路由、Baetyl 框架中的相关配置以及数据库中对应的规则。

（3）规则的查询功能。创建后的规则需要进行展示，提供了查询规则信息的接口。

（4）规则启用状态更新功能。用户创建规则后，可以选择启用或者不启用该规则。

（5）规则输出结果接收功能。对于规则产生的输出数据，会监听对应的 MQTT 主题，将数据存储到数据库中。输出结果数据会有一定的生命周期，只保存近期（例如一周内）的数据。

（6）结果数据查询功能。每个规则对应的结果数据，需要在页面进行展示。

（7）传感器查询条件字典获取接口功能。在查询传感器时需要一些下拉选项，这些下拉选项信息可以通过该接口查询。

（8）脚本测试接口功能。该接口对编辑的脚本进行预先的测试，以保证创建后规则的正确性。

（9）脚本测试结果数据查询接口功能。当进行脚本测试时，智能边缘 App 接收测试结果数据后，会将数据存入 Mongo 数据库。该接口用于查询对应的结果数据供前台页面展示。

5.2.6　云边交互

物联网边缘计算虽然有许多优势，但也存在一些局限性，需要借助云边交互来解决。边缘设备通常具有有限的计算和存储能力，无法处理大量的数据和复杂的计算任务，且边缘设备通常部署在较为复杂的环境中，网络连接可能不稳定或不可靠，导致数据传输中断或延迟。通过云边交互，可以将对计算和存储资源要求较高的任务委托给云端完成，以解决边缘设备的性能限制问题；还可以在网络连接正常时将数据发送到云端进行处理；而在连接中断或不稳定时，可以将任务转交给边缘设备在本地进行处理。

边缘物联代理与物联管理平台交互协议采用 TCP/IP 或其他协议，对上层提供有序、可靠的双向连接。应用层大文件传输（操作系统软件、业务应用镜像）采用 HTTPS 或其他协议，设备管理、业务交互、应用管理采用轻量级消息队列遥测传输协议 MQTT，基于发布 / 订阅型消息模式，提供一对多的消息发布，实现应用程序解耦。MQTT 中的消息体采用轻量级、独立于编程语言的文本格式 JSON 作为数据交换格式。其系统设计架构图如图 5-8 所示。

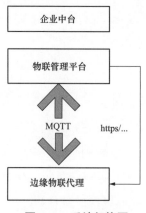

图 5-8 系统架构图

传输层采用 TCP 协议，网络层采用 IP 协议，需支持 IPv4 和 IPv6。交互协议应支持 SSL、TLS 等符合国家电网公司有关标准的安全协议。其中，报文格式符合 MQTT V3.1 协议规范格式报文要求，不需要额外加报头和完整性校验。物联管理平台和边缘物联代理均作为客户端，数据需要通过 MQTT 代理服务进行交互，采用发布 / 订阅模式进行消息传输，具体交互方式如图 5-9 所示。

边缘物联代理与物联管理平台交互的功能应包含设备管理、应用管理、业务交互等多个方面，设备管理应当涵盖边缘物联代理全生命周期管理，包括设备注册、设备升级、设备配置、设备控制、设备监视、可信度量等；应用管理应包括应用控制、应用状态监测、应用事件上报；业务交互应包含物

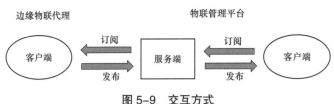

图 5-9 交互方式

模型下发、数据交互等功能。

5.3 输变电物联网边缘计算应用

在输变电设备物联网中，边缘计算有着广泛的应用，下面分别从输电、变电两个方面各三个应用场景介绍边缘计算算法及其应用。

5.3.1 输电物联网边缘计算应用

5.3.1.1 输电通道可视化外破预警

1. 应用背景

输电通道是电力系统中将电能从发电厂传输至用户的关键环节，由于其网络结构复杂，存在遭受外力破坏的安全隐患，尤其是在跨越城市道路、施工场地的情况下存在不同的风险因素，如风筝、防尘膜等导线异物悬挂，山火入侵，塔吊和汽吊等大型施工器械等，可能导致线路故障或人身安全事故。在输电线路故障中外力破坏是主要原因之一。传统的输电通道隐患需要人员亲自前往实地巡视才能发现，人力和时间成本巨大。人工巡检受限于人员数量和工作效率，往往不能及时、全面地监测到存在的问题。为了及时发现输电通道隐患，需要开展输电通道可视化外力破坏预警技术应用。该技术通过高清监控摄像头、无人机巡检、图像处理和分析等手段，实现对输电通道的实时监测、异常检测和预警，提高输电通道的安全性、可靠性和效率，并减少人力资源和时间成本。

为了实现输电通道可视化外力破坏预警应用，需要采用目标检测框架的低漏报率隐患识别算法。该算法具备高准确性、低漏报率和多类别识别等特性，能够在后台对监拍装置拍摄的图像进行分析，检查异常情况，准确识别威胁输电通道安全运行的外力破坏风险目标。目前，输电可视化图像主要通过后台算法进行分析，但是随着管理要求的不断提升，拍摄间隔不断缩短，若对大量可见光图像全部采用云计算的方式，将对数据通道产生很大的压力，甚至造成通道卡死、系统崩溃。同时，输电线路运行环境恶劣，前端不具备部署高性能计算装备的条件。因此，需要合理制定输电通道图像判别分层计算策略，研制边缘计算软硬件，在前端对正常图像和异常图像进行区分，达到初步筛选的目的，减少短时间内所需上传图像的数据量，从而解决通信通道压力过大问题。将输电通道可视化外力破坏预警应用部署在边缘侧可以满足实时性、低延迟、减少带宽压力和提高可靠性的要求，同时还具备灵活性和可扩展性的优势。这样的部署方式能够更好地满足输电通道预警的需求，提高电力系统的安全和稳定运行。

2.输电通道隐患识别算法

输电通道隐患目标一般包括塔吊、吊车、挖掘机、翻斗车、推土机、水泥泵车等大型机械以及异物和山火，捕捉这些目标需要一种具备目标检测功能的算法，目前 Faster-RCNN、YOLO 算法在这方面表现较好。

（1）Faster-RCNN 模型。利用实际输电线输电通道可视化监拍图像样本对 Faster-RCNN 模型进行训练并测试，检测结果表明该模型可以有效检测吊车、塔吊、挖掘机等外力破坏风险目标，检测精度达到 87.5%，单张图像的检测速度为 1.25s/ 张。

（2）YOLO 模型。采用 YOLO 模型对输电通道影像进行隐患识别检测，检测结果表明，YOLO 模型也可以有效检测吊车、挖掘机、塔吊等输电通道隐患。漏报率有所增加，达到 11.3%，但检测速度远快于 Faster-RCNN 模型，可达到 250ms/ 张。

（3）组合式目标检测模型。可以结合以上两种算法优点进行算法融合，构建基于组合式目标检测框架的输电通道低漏报率隐患识别模型。图 5-10 为组合式输电线路外力破坏隐患低漏报率检测网络结构，包含 Faster-RCNN 隐患识别网络、YOLO 的隐患识别网络和基于改进非极大值抑制方法的自适应判别器三个部分。

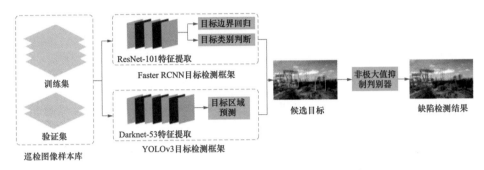

图 5-10 输电线路隐患低漏报率检测网络结构

该模型首先单独训练 Faster-RCNN 模型和 YOLO 模型，分别使用在 ImageNet 数据集上预训练好的参数对模型进行初始化，并将两个模型继续在输电通道隐患图像数据集上进行训练，直至模型的损失函数值不再下降，得到初步的输电通道隐患识别模型。随后，对两个模型中的目标预测层进行改进，将原来固定的边界位置改进为按照正态分布的随机坐标，直接预测边界位置的均值和方差。两个网络进行隐患识别后将得到的隐患的位置和类别信息输入自适应判别器中，根据检测结果中边框的方差为每个目标赋予一定权值，从而将两个网络的检测结果进行融合以自适应调整隐患目标的位置。最终判别器根据融合结果，将其中对相同目标的多个预测结果采用算法去重，得到图片中设备隐患的类型和位置信息。

非极大值抑制算法是目标检测中一种常用的去重方法，可以从多个候选位置中确定目标准确位置，避免了重复检测。非极大值抑制算法使用目标的置信度作为评判候选框是否准确的标准，即置信度高的候选框定位准确度更高。但在算法中，Faster-RCNN 采用目标分类分数作为置信度，而 YOLO 则利用全卷积网络综合了分类分数和定位分数。由于目标分类分数的收敛程度一般高于目标定位分数，YOLO 的预测结果很难在非极大值抑制过程中取得优势。因此，引入一种改进的非极大值抑制算法，通过计算目标框各边界的分布将定位分数引入到置信度中，保证两个算法在模型中的平衡。

针对训练好的模型，将特征提取网络的参数固定，对目标预测层的结构和损失函数进行修改，每个隐患目标的位置信息由边框位置的均值和位置方差共同表示。Faster RCNN 和 YOLO 进行特征提取与回归后，共同得到 N 个预测目标，改进非极大值抑制方法根据目标之间的交并比、方差和置信度对这些目标的位置进行调整，得到隐患的准确位置。经过非极大值抑制后，重复的选框将被去除，最终保留所需要的目标。该判别器将调整后的模型进行组合，在巡检图像数据集上联合训练，自主适应数据集所需阈值，对两个网络的特征提取结果进行自适应融合，从而避免了人工设置的超参数所带来的偏差。

基于上述训练好的模型，改变其 I_{IOU} 阈值进行测试，结果如图 5-11 所示。随着 I_{IOU} 阈值的提高，组合隐患检测模型的 P_{mAP} 值显著高于其他两个模型，组合模型具有更高的定位准确度。

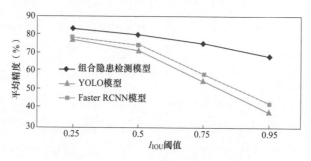

图 5-11   不同 I_{IOU} 情况下的 P_{mAP} 值

从测试结果对比中可以看出，组合隐患检测模型的平均漏报率为 4.3%，而 Faster-RCNN 网络、YOLO 网络的漏报率分别为 8.4%、7.6%，总体平均精度也有较大的提高。

目标检测算法会将图片内所有相关目标识别出来并推送告警，但实际情况下，大部分目标与输电通道存在较大距离，不会对输电通道构成威胁。由此，算法会产生大量误告警，影响使用效果。为此，需要进一步采用显著区域辨识技术。

（4）显著区域辨识技术。显著区域辨识技术能判断出图像中关注的区域，从而大幅降低隐患误报率，即综合考虑杆塔位置和显著性区域，实现对输电通道易发生外力破坏的区域的识别。通过对人类视觉注意机制的研究，发现人在观察一幅图像时，通常优先关注那些与周围区域形成高度对比的图像区域，可以通过这些区域快速地判别特定的目标。

基于上述研究，通过输电通道图像语义分割得到语义区域集合，进而基于全局对照策略计算每个语义区域相对于其他区域的显著度，从而得到输电通道图像中最显著的区域。采用超度量轮廓图完成输电通道图像语义区域提取，构建图像的显著图。为了获取图像语义区域的显著度，将显著度计算由像素级别扩展到语义区块级别，完成了语义区块的显著度计算，有效减少了显著度计算工作量。再根据亮度、颜色、纹理及梯度幅度等信息计算出每一个像素成为边缘点的最大概率，然后设定优先级对区域进行合并。最终可以简单获得显著性区域，将显著性区域采用直线等连接约束，结合杆塔位置，得到的容易发生外力破坏隐患区域识别的效果图，如图 5-12 所示。

图 5-12 易出现外破隐患区域识别区域效果图

3.输电通道可视化外力破坏预警边缘计算应用

基于输电通道隐患识别算法，研发输电通道可视化外力破坏预警应用，该应用具备以下功能：

（1）异常检测。利用图像处理和分析等技术，对实时录制的图像和视频进行处理和分析，检测输电通道的异常情况，如倾斜的电线、断裂的电杆、火灾等。

（2）预警通知。一旦发现输电通道的异常情况，可以通过实时预警系统发出警报、通知相关人员或控制中心，以便快速采取应急措施，避免事故发生。

（3）数据记录与分析。对监测到的图像、视频和数据进行记录和分析，建立安全演变曲线和数据分析模型，为输电通道的运维和管理提供决策支持和参考。

（4）故障定位与抢修指导。通过可视化外力破坏预警技术，可以帮助电力公司快速定位输电通道的故障点，并给出抢修指导，减少抢修时间和成本，提高电力供应的可靠性和稳定性。

（5）远程监控。可视化外力破坏预警系统可以实现对输电通道的远程监控和操作，通过网络和远程控制技术对通道进行实时监控和远程操作，提高工作效率和保障安全。

5.3.1.2 架空线路线夹发热预警

1. 应用背景

架空输电线路中的线夹是连接导线与电力设备的关键部件。近年来，随着国民经济发展持续增长，社会用电量猛增，在用电高峰期线路供电负荷往往接近极限，容易引起导线线夹发热，由线夹温度过高而造成的断线事故时有发生。断线事故对电网运行及线路周边人身财产安全构成较大威胁，为了确保电网安全，通常在用电高峰季来临之前要对高压输电线路的接点进行全面检测，及时发现线夹过热缺陷，防止线夹发热断线故障影响电网安全运行。但是，线路红外带电检测时间间隔较长，往往不能及时发现线夹发热问题。为此，部分电网公司开展基于物联网技术的线夹发热监测预警应用，及时发现线夹发热缺陷。

架空输电线路线夹发热预警技术通过在架空输电线路的线夹上部署传感器和监测设备，实时监测线夹温度变化，并进行线夹过热缺陷分析。该技术能够及时发现线夹发热的情况，确保电力传输的安全和稳定。

为了实现线夹发热预警应用，需要采用基于动态温度线夹发热预警算法，对线夹不同位置的温度变化趋势进行分析判断，实现异常发热诊断。当线夹出现异常的温度升高时，快速生成预警通知，并将其发送给运维人员或相关的监控系统，提醒运维人员快速采取对策，防止潜在故障和事故发生。同时，由于输电线路环境条件恶劣，监测装备供电困难，为了提高数据分析的及时性，降低监测数据发送频率，节约通信功耗，提升系统可靠性，可以采取边缘计算方式。边缘计算系统可以在本地对线夹温度数据进行处理和分析，减少数据传输和处理的时间延迟。这有助于更快地检测和识别异常情况，提高故障诊断和问题解决的效率。由于边缘计算系统在线夹位置进行实时监测和预警，即使在网络中断或连接不稳定的情况下，仍然能够及时发现和处理线夹异常情况。

2. 耐张线夹温度异常监测预警算法

实际运行中，运维人员更加重视耐张线夹可达到的最高温度。因此，根据线夹所处环境与线夹自身特性获得线夹稳态温度极限值具有重要的意义。线夹稳态热路模型有着相对结构简单、求解容易等优点，且该模型准确性受线夹温升变化影响不大，已能够满足发热预警需要，故选择构建线夹稳态热路模型用于计算线夹的最高温度。

线夹稳态热路模型的获取需要确定相关稳态参数，在确定相关参数时可以选择一个环境、负荷较为稳定的线路，此时可认为线夹温度达到稳态，将数据代入计算即可获得模型参数。由于线夹特性在一段时间内基本不发生变化，所以在参数辨识确定后，线夹稳态热路模型可用于计算未来一段时间内线夹的温度。

由于实际输电线路无法调整温度和电流，为了准确获得线夹在不同变量条件下的发热特性，需要采用归纳的方法获得线夹发热预警算法。为此，研究人员通过耐张线夹高温运行试验进行模拟。试验发现，发热耐张线夹可以在短时间内高温运行的，短期高温运行后，线夹的热特性是可恢复的，但是长期在高温下线夹会不断氧化，导致线夹电阻持续升高，使线夹温度不断升高，最终可能导致线夹熔断或者金属疲劳后断裂，影响输电线路的安全运行。下面两种算法判据，可实现线夹温度异常监测预警。

（1）线夹热稳态温度计算算法。

耐张线夹中没有通过电流时，其温度与周围介质的温度相等。当耐张线夹中通过电流时，其产生的热量一部分使耐张线夹本身温度升高，另一部分直接以热量的形式散发到周围环境中，保持一种动态分配的状态，直到耐张线夹发热过渡到稳态时，耐张线夹发热温度达到稳态温升。热平衡方程有稳态热平衡方程和暂态热平方程两种：稳态热平衡方程中，耐张线夹的温度处于稳定状态，不会显著变化；暂态热平衡过程中，耐张线夹的温度是不断变化的，影响到耐张线夹的热平衡状态，因此须考虑耐张线夹的温度变化项。

稳态热平衡方程为：

$$I^2 R(T_c) + Q_s = Q_c + Q_r \qquad (5-1)$$

暂态热平衡方程为：

$$I^2 R(T_c) + Q_s = MC_P \frac{\mathrm{d}T_c}{\mathrm{d}t} Q_c + Q_r \qquad (5-2)$$

式中：Q_s 为日照时线夹与导线压接部分单位长度吸收的热量，W/m；Q_c 为线夹与导线压接部分单位长度上的对流散热，W/m；Q_r 为线夹与导线压接部分单位长度的辐射散热，W/m；$R(T_c)$ 为绝对温度 T_c 时的线夹与导线压接部分单位长度的交流电阻，Ω/m；M 为线夹与导线压接部分单位长度的质量，kg；C_p 为线夹与导线压接部分导线材料的比热容，J/（kg·℃）。

将计算出的温度与实际传感器监测的温度进行对比，如果监测温度超过计算温度，则表明耐张线夹温度发生异常；如果监测温度小于或者等于计算温度，则表明线夹正常。

（2）线夹不同位置温度异常诊断算法。

在完成了耐张线夹与导线连接处部位初步的异常温度判断后，进行线夹不同位置温度异常诊断算法设计。通过读取耐张线夹五个不同位置温度，按照监测频率分别进行温度曲线绘制。因为线夹的本体材料与所处的外界环境是一致的，其承载的电流大小也是一样的，因此在正常运行情况下线夹本体各处的温度变化情况是一致的，分别按照温度传感器采样频率计算线夹各处的温度变化率。若温度变化率在一定范围内保持一致，则表明线夹温度未发生异常；若某一处或者某几处线夹温度变化率相对线夹其他位置发生幅度较大变化，表明该处线夹可能存在异常，触发预警。

利用型号为 NY400/50 耐张线夹进行接续温升热循环实验，在环境温度为20℃时，线夹不同位置的温度变化曲线如图 5-13 所示。从图中可以看出，随着电流的不断变化，线夹的温度也在不断升降。在正常情况下，线夹不同位置处的温度变化趋势是一致的，温度曲线变化的斜率也趋于一致，不同位置的温度区别在于线夹本体温度的高低。由于线夹不同位置的形状不同，与环境的接触面积有差别，使得线夹吸热及散热以及电流流经的面积不同，造成线夹发热也不同。但在正常情况下，线夹的发热及散热效率是相同的，因此在判断线夹是否有发生异常的趋势时，可以利用温度变化率进行诊断。

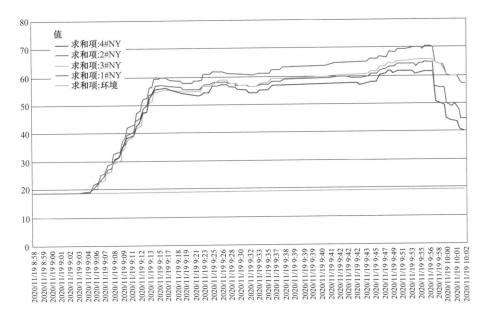

图 5-13　耐张线夹温升热循环实验

如图 5-14 所示，在正常状态下线夹在多个运行周期内，温度变化均保持相对一致，可以看出当导线短时间发生异常温度变化时，耐张线夹的运行并未受到太大影响，温度仍处于正常变化范围。

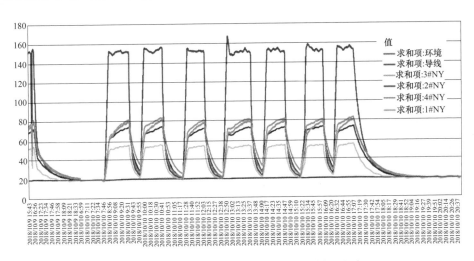

图 5-14　耐张线夹在正常状态下温升热循环实验

从图 5-15 中可以看出，耐张线夹的整体温度随着电流的变化也在发生改变，其中导线温度相对于线夹温度明显较高，环境温度一直保持 20℃左右，从时间 2020/11/2 10：03 开始，耐张线夹 4 号监测点温度发生异常改变，温度变化趋势突增，可判断为发生异常。

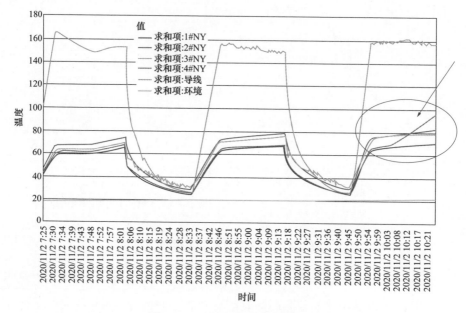

图 5-15　耐张线夹异常发热实验

通过以上两种算法判据，能够准确捕捉到输电线路线夹发热异常，从而获得架空线路线夹发热预警算法。利用布置于耐张线夹不同位置的温度传感器，实现了线夹本体温度数据边缘侧处理并进行异常趋势的诊断，克服了传统线夹无法实现全局诊断的缺点。

3.输电导线线夹发热预警边缘计算应用

基于输电线路线夹发热预警算法，构建输电导线线夹发热预警边缘应用。该应用具备实时监测、异常检测、预警通知、数据分析与统计、故障诊断与预测、数据存储与传输、配置与管理等功能。通过这些功能，可以提高线夹的安全性和稳定性，降低故障和损坏的风险。

（1）实时监测。通过在线夹上部署温度传感器，实时监测线夹的温度变化；可以实时采集和传输温度数据，以便实时监控线夹的运行状态。

（2）异常检测。利用传感器采集的温度数据，边缘应用可以进行异常检测和分析，识别线夹的温度是否超过安全范围；可以检测到线夹发热异常、温升变化趋势异常等情况。

（3）预警通知。当线夹的温度异常超过预设阈值时，边缘应用会生成预警通知，并将其发送给相关人员或监控系统，以便及时采取措施来解决线夹发热问题。

（4）数据分析与统计。边缘应用可以对从线夹采集的温度数据进行分析和统计，通过分析温度趋势、温度波动等数据指标，提供数据支持和决策依据。

（5）故障诊断与预测。边缘应用还可以利用温度数据进行故障诊断和预测，通过与历史数据的对比和模式识别，可以预测线夹发热的潜在故障原因，并提前采取维护措施，减少故障和线夹损坏的风险。

（6）数据存储与传输。边缘应用可以将采集到的温度数据进行存储和传输，可以在边缘设备上进行本地数据存储，也可以把数据传输到云端或中心服务器进行长期存储和分析。

（7）配置与管理。边缘应用提供配置和管理功能，可以根据不同的需要设置温度预警阈值、采样频率等参数，并对传感器进行远程管理和监控。

5.3.1.3 输电线路动态增容

1. 应用背景

目前，提高输电线路输送容量的方法包括采用特高压技术、柔性交流输电技术、串联补偿技术、动态无功补偿技术、同杆多回和紧凑型输电技术等。但都是从提高输电线路静态输送容量考虑的，需要改、扩建输电线路或增加设备。因此，如何在不影响电网安全性、经济性、可靠性和不突破现行技术规程规定的前提下，提高现有输电线路的输送容量已成为一个急需解决的问题。从可持续发展和环境保护角度出发，解决输电线路的载流量问题应更加重视挖掘输电网络的潜在能量，在已有的线路走廊上最大限度提高传输容量，解决输电线路的瓶颈。开展输电线路动态监测增容技术应用，可以提高输电网的输送能力。

动态监测增容技术是指通过监测导线状态如温度、弧垂等和环境温度、风速、日照强度等因素，不突破现行技术规定，根据采集到的样本数据利用数学模型动态提高导线的最大允许载流量，提高输送容量，在现行规程不变、线路运行安全性不变的前提下最大限度挖掘输电走廊的输送能力。

为了实现输电线路动态增容应用，需要采用输电线路动态增容算法。该算法应具备实时性、精确性、可靠性和安全性等特性，能够实时监测和分析输电线路的状态和负荷情况，并作出相应的调度决策，可以有效地提高输电线路的传输能力，优化电网运行效率。在实际情况中，输电线路的数据量庞大，将所有数据传输到云端进行处理可能增加带宽需求和成本。同时输电线路作为关键的基础设施，对可靠性要求很高，如果算法依赖于云端进行决策和控制，当网络中断或不稳定时，系统可能无法及时响应。因此，可以把输电线路动态增容算法和边缘计算结合起来，边缘计算可以在边缘设备上进行数据处理和初步分析，只将必要的结果传输到云端，从而减少数据传输量和相关成本。算法可以在边缘设备上本地运行，即使在断连情况下也能够进行决策和控制，提高系统的可靠性。这样的部署方式能够很好地满足输电线路的需求，提高输电线路的传输能力。

2. 基于弧垂实时监测的动态增容算法

输电线路动态提升输送容量的监测方法主要包括基于导线温度的动态增容技术、基于导线弧垂的动态增容技术以及基于测量导线张力的动态增容技术。考虑到输电线路导线耐张段张力能综合反应导线温度、弧垂的变化，基于张力监测的系统可以更为准确地获得整段导线的平均温度和导线弧垂，理论上可以获得更好的结果；而且张力传感器测量精度较高、价格适中，能够适应智能输电线路全景监测和负载能力动态评估技术的要求。下面重点介绍基于耐张段轴向综合张力测量来监测导线温度、弧垂，结合温度极限和弧垂对地最小距离限制，得到热稳定容量极限，从而实现动态增容。

（1）通过导线张力估算导线平均温度。

考虑到基于解析计算模型难以得到准确的导线温度值，导线张力与导线平均温度之间的对应关系可以通过现场试验来拟合。根据实验数据的累积，导线张力和温度之间的关系可以用三次曲线拟合，根据导线张力可直接求得导线温度。在无负载电流时，可以认为模拟导线的日照辐射温度等于导线温度，通过无负载电流（即线路停电）的现场试验数据可得到张力与导线温度的拟合关系曲线，如图 5-16 所示。当导线通电时，通过监测实时获得导线张力值，根据三次拟合曲线可得出导线在这段距离上（耐张段）的平均温度值，进而求出输电线路热稳定容量。

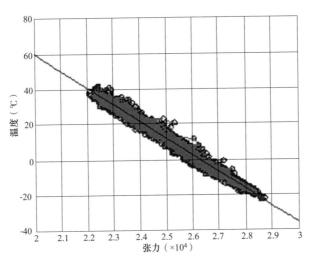

图 5-16 无负载条件下导线张力和温度的拟合关系

常规拟合方法要求停电实验的数据量很大，且同时要保证输电线路温度范围。但实际工程中，由于线路不可能长期停电，因此不仅获得的数据量小，导线温度的覆盖范围也不广，导致在获得的温度范围内不能保证拟合曲线的精度。因此实际工程中，一方面建议进行多组停电实验以获取温度范围更广的数据，另一方面可以用数学方法进行辅助拟合。

在线路带负荷运行情况下，根据获得的张力、环境温度、风速、风向和线路负荷等参数，利用稳态热平衡方程可以计算出导线温度。考虑到稳态热平衡方程的各项计算可能存在的误差，可结合停电实验获取的张力导线温度拟合曲线，通过最小二乘法拟合出热平衡方程计算的导线温度误差曲线，在停电实验数据的基础上加上误差曲线，即可获得新的拟合关系。这样就解决了拟合数据温度范围不足以覆盖输电线路运行温度的问题，使拟合结果更加准确。

（2）通过导线张力计算导线弧垂。

基于导线力学模型对导线进行受力分析，根据在线测量的耐张段导线张力，结合风速、风向等微气象数据的监测，计算导线的弧垂和导线对地距离。

悬挂的导线受风吹受力可分解为水平风和垂直风，影响导线风偏程度的主要为水平风，在水平风下由于导线具有弧垂，风偏后沿线各点的风向与导线轴向间的夹角均不相同，其风压比载的大小、方向也不相同，计算非常复杂。对于架空导线，其弧垂与档距长度之比是很小的，线长与斜档距也相差很小。故在计算全档导线所受的风荷载时，可近似认为：导线长度为斜档距长度，风向与导线的夹角近似看成为风向与斜档距的夹角（即在同一档内夹角为同一定值）。这样，可近似认为垂直作用在导线单位长度上的风荷比载呈横向沿斜档距均匀分布，且大小和方向也各处相同。导线风偏后，必然位于综合比载作用线所成的平面内。导线受风吹情况的计算就转化到风偏平面内具有沿斜档距均布荷载的弧垂—应力计算问题，可以通过测量得到的导线张力、风偏角计算综合应力、风偏平面内的竖向应力等参数，得到线路水平应力，从而进一步计算导线弧垂。

（3）计算线路动态热稳定容量。

输电线路导线弧垂与导线张力大小、导线温度及气象条件等的关系并不能单纯地认为是确定性关系。如果单纯考虑导线的张力，张力越大，则导线弧垂越小；而导线温度越高，导线弧垂则会越大。但是在相同大小的张力下，导线弧垂却不一定相等，因为导线的其他影响因素也会对导线产生影响。导线温度除了与导线张力有关外，还与导线电流、气象条件等因素有关系，对于相同的导线电流，日照强度不一样，导线温度就不同。因此，需要采用统计学方法中的回归分析方法来研究导线弧垂、温度、张力、气象信息之间的关系。

根据实验数据的累计，在一定温度范围内导线温度与导线张力之间存在固定的三次曲线关系，根据导线张力可以直接求得导线温度。当线路在无负载时，导线温度可以用环境温度代替，根据架空输电线路无负载时的现场实验数据可以做出张力与环境温度的三次拟合曲线，如图5-17所示。在无负载（即线路停电）时，可以认为环境温度等于导线温度。当导线通电时，已知在任一点的拉力值，根据三次拟合曲线，可得出导线在这段距离上（耐张段）的平均温度值，进而可以求出输电线路容量。

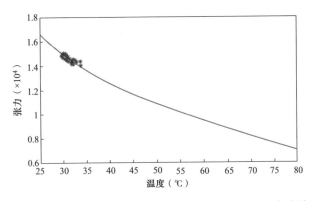

图 5-17 由三次曲线拟合的运行条件下导线温度与张力关系

然而导线高温运行时，导线温度的估计会产生较大的偏差，因此还需要进一步优化导线温度模型。

在测量导线张力和温度的基础上，利用统计学方法，根据实验数据，建立基于多因子的导线温度模型，求取导线的平均温度。以某输电线路的动态增容装置采集到的数据为例，该装置能够监测导线张力及气候条件等信息，并可以接收到网调的导线电流数据。导线温度除了受导线电流的影响，还受气候条件的影响，与导线张力也有关系。利用统计学的多元非线性回归方法来研究他们之间的关系，对现场采集的 300 点数据进行分析。可以看出，导线温度与各变量之间不是线性关系，不宜都采用线性模型来描述。可建立非线性模型，再通过变量变换把非线性方程线性化，然后按照多元线性回归的方法来求解。

根据图 5-18 的分析变换散点图，使变换后的散点图中导线温度与各变量近似成线性关系。这几个模型都属于不涉及参数的可线性化的模型，采用变换函数线性化后，按照多元线性回归的方法来求解。结合导线热稳态平衡方程，得到基于实时弧垂的输电线路载流量计算方程，最后以弧垂计算得出的最小对地安全距离和最高允许温度作为边界条件，提出基于弧垂实时监测的动态增容算法，确保动态增容满足线路安全运行条件。以某年某地区一段时间在线监测数据进行分析，如图 5-19 所示，可以看出，基于弧垂实时监测的动态增容算法监测到的载流量远大于采用传统方法的导线载流量。

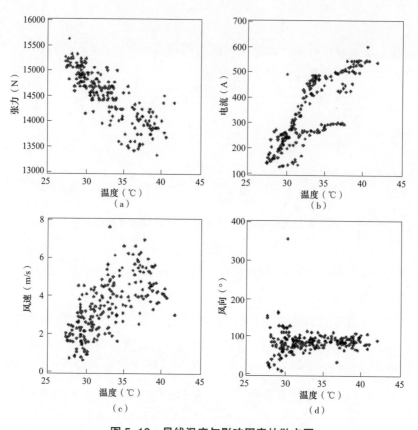

图 5-18 导线温度与影响因素的散点图
（a）导线温度—张力；（b）导线温度—电流；（c）导线温度—风速；（d）导线温度—风向

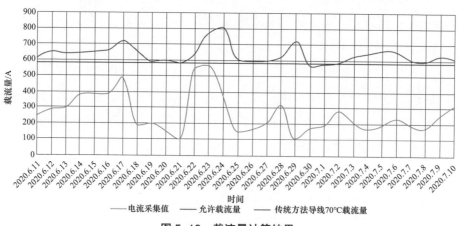

图 5-19 载流量计算结果

3. 输电线路动态增容边缘计算应用

通过上述实验，可基于弧垂实时监测的动态增容算法，构建输电线路动态增容应用。该应用具备实时数据采集、线路状态监测、动态负荷估计、增容决策、增容方案评估、动态调控和管理、线路优化和规划故障预警和处理等功能。这些功能可以帮助电网运行人员实现动态增容控制和优化管理，提高电网的可靠性和效率。

（1）实时数据采集。应用通过传感器或测量设备实时采集输电线路的电流、电压、温度等关键参数数据。

（2）线路状态监测。该应用监测和分析输电线路的实时状态，包括线路负荷、电流变化、温度变化等；可以识别出线路是否接近或超过额定能力，以及线路是否存在潜在的过载风险。

（3）动态负荷估计。根据实时采集的数据和预测算法，该应用可以估计线路当前的负荷情况，并预测未来的负荷趋势。这有助于运行人员了解线路的负荷情况，做出相应的增容决策。

（4）基于模型的增容决策。该应用可以基于输电线路的物理模型或数据模型，结合实时监测数据和负荷需求进行增容决策，该应用可以计算出所需的额定能力或建议的增容方案，并与运行人员进行交互。

（5）增容方案评估。该应用可以评估不同增容方案的可行性和效益，可以模拟和优化不同的增容方案，并与线路的实际情况进行比较，从而为运行人员提供决策支持。

（6）动态调控和管理。该应用可以与电网调度系统或自动化设备进行通信，实现动态增容的调控和管理；可以指导设备操作，如调整充电电流、改变输电路径等，以实现线路的动态增容。

（7）线路优化和规划。该应用可以分析和优化整个输电网络的传输能力，以提升线路的效率和可靠性；可以辅助运营人员进行线路规划、容量调配和设备安装策略的制定。

（8）故障预警和处理。该应用可以监测线路故障的实时信息，并提供故障预警；可以指导运行人员进行故障处理和线路维修，使线路停电时间和损失最小化。

5.3.2　变电物联网边缘计算应用

5.3.2.1　变电站智能巡视

1.应用背景

随着电网的不断发展，电力设备的体量不断增长，设备管理工作量不断增大与设备管理人员不足的矛盾日益突出，对电力设备智能运检提出了新的要求。为此，专业人员开展了大量自动化、智能化技术研究，开发了各类诊断与决策算法，例如应用于变电站设备缺陷识别的图像识别算法、为快速识别局部放电缺陷而开发的局放诊断算法等。为了促进变电站例行巡视工作的无人化、智能化，需要开展变电站在线智能巡视技术应用，以确保变电站的稳定运行。

变电站远程智能巡视技术是一种利用人工智能图像识别替代变电站人工巡视的技术。通过集成监控摄像头、传感器、数据分析和机器学习算法，该应用可以实时监测变电站设备状态、检测异常情况并进行预警。

为了实现变电站智能巡视应用，可以采用变电巡视可见光图像诊断算法，通过分析变电设备外观情况来进行缺陷检测和诊断。如果采用云计算的模式，大量图像数据上送会导致通信通道阻塞、后台算力不足等问题，制约智能巡视建设应用的成效。因此，在变电站侧部署一套巡视系统，该系统具备该站点巡视图像分析所需的软硬件资源，以边缘计算的模式在站端完成设备巡视图像的智能诊断，并将结果报告反馈给云端，完成智能巡视功能。

2.变电巡视可见光图像诊断算法

变电巡视可见光图像诊断算法主要基于计算机视觉、图像处理和机器学习等领域的研究成果和技术进展，通过目标检测、分类、语义分割等技术进行变电巡视图像缺陷检测识别。根据具体识别的内容，可划分为基于分割的算法与基于检测的算法两大类。

（1）基于分割的算法。

基于分割的算法主要针对表计破损、挂空悬浮物、硅胶筒破损、金属锈蚀、地面油污、部件表面油污等被识别物体形状不规则、不固定的场景。该场景不适合使用目标检测网络，因此需要采用分割算法来提取待检识别目标。

分割算法选用 DeepLabv3+ 网络，该网络因具有参数量小和检测性能强的特点，已成为机器视觉领域较为常用的网络。DeepLabv3+ 网络利用深度可分离卷积代替标准卷积（Conv），还增加了分辨率与宽度因子，极大减少了网络参数量。

　　算法由 2700 余张人工分割标注出目标的表计破损、表计度数异常、挂空悬浮物、硅胶筒破损、金属锈蚀、地面油污、部件表面油污缺陷作为样本进行训练，能够实现相关缺陷的检出功能。样本分割标注需紧贴分割物体的边缘，不可标注小或标注大，而且标注坐标不能在图像边界上，防止载入数据或数据扩展过程中存在越界报错。图 5-20 是训练出的分割算法油污识别效果，表明算法具备一定的缺陷检出能力，能够部分替代人工识别缺陷。

（a）　　　　　　　　　　　　　　　　（b）

图 5-20　油污识别

（a）继电器油污；（b）地面油污

　　（2）基于检测的算法。

　　基于检测的算法主要针对绝缘子裂纹、绝缘子破裂、箱门闭合异常、盖板破损、表面污秽、未戴安全帽等识别项目物体形状规范场景。在目标检测场景中，通过 Yolo 网络框架，并基于 Neck 网络结构和区域建议损失函数能够实现对于图片中目标区域的识别。在此基础上，有针对性地选择样本图片数据集，进行 Yolo 网络模型训练直至收敛，就能获得基于 Neck 网络结构的绝缘子检测模型，实现对目标特征的检测和提取，进而完成绝缘子的检测识别。

算法通过 10400 余张标注有目标的绝缘子裂纹、绝缘子破裂、箱门闭合异常、盖板破损、表面污秽、未戴安全帽、未穿工作服、呼吸器油封油位异常、硅胶变色、压板合、压板分样本缺陷进行训练，算法训练后的识别效果如图 5-21 所示，可见算法能够检出相关目标。

图 5-21　开关分合位检测

同时，在没有足够的缺陷图像来训练深度神经网络时，可以采用小样本快速学习模型方法，在一定程度上提高检测准确性。

3.远程智能巡视边缘计算系统

（1）远程智能巡视系统及其组成。

边缘侧远程智能巡视系统由视频监控系统、远程智能巡视主机、智能分析服务器等设备组成，图 5-22 是智能巡视系统架构图。

1）视频监控系统：前端采集装置及系统，包括红外高清网络一体化摄像机、红外高清网络球型摄像机、红外高清网络筒型摄像机、拾音器、视频处理服务器等。其中，视频处理服务器负责实时统计摄像机在线数量，采集、储存、上传图片、视频和红外测温等数据至远程智能巡视主机，快速响应智能联动策略。

2）远程智能巡视主机：搭载智能巡视系统软件，制定和下发巡视任务、状态跟踪等指令；配置主辅监控系统智能联动策略，当设备发生故障或其他状况时，按预置位智能化关联摄像机，自动调整摄像角度进行人工核查确认。

3）智能分析服务器：搭载智能分析算法，接收机器人主机和视频主机上传的数据，实时智能分析站内环境和设备运行状态，主动推送分析结果及告

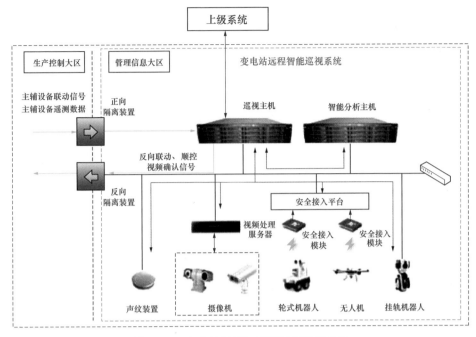

图 5-22　变电站远程智能巡视系统架构图

警信息。

（2）远程智能巡视边缘计算应用。

变电站远程智能巡视系统应用可实现变电站智能监控值守，利用深度学习、计算机视觉等技术，能够对变电站事故异常进行实时联动监控，查找并指出明显异常及故障点；及时发现火灾情况，定位火源；对有关设备、表计进行持续监控，并针对异常事件发出通知告警。该应用以全景可视化感知技术融合的方式，提升设备状态的管控力和运检管理穿透力，提高设备运维检修效率，提高运维工作的缺陷发现能力、状态管控能力、主动预警能力和应急处置能力，从而实现变电站智能管控。该应用主要具有以下功能：

1）替代人工巡检：基于现场安装的高清视频、机器人、无人机等巡检装备，设置例行巡视、专项巡视或自定义巡视任务，形成完整的立体巡检策略，对于需要例行巡检的设备类型实现可靠巡视；应用图像智能识别技术，及时发现变压器漏油、构支架鸟窝、互感器冲顶等设备外观异常缺陷。

2）一键顺控双校验：一键顺控操作过程中，利用高清视频设备采集隔离开关指示器视频图像，通过站端部署的视频分析主机和视频监控主机，经过视频分析算法识别，确认 GIS 设备或敞开式设备位置，实现设备状态视频双校验。

3）设备故障检查：设备故障视频联动，开展设备故障跳闸前后外观及周边设备状态检查，提高故障处理速度和质量；通过合理分布在变电站内的高清视频摄像机，当站内设备发生故障时，利用高清视频分布广、分辨率高且受设备遮挡影响小等特点可以实时、多角度、全方位拍摄故障设备可见光图像，实现设备故障的全面巡检。

4）设备异常跟踪：定制个性巡检任务，利用高清视频完成设备接头发热等异常情况的定期跟踪检查工作，确保设备缺陷可控、在控。实时监测设备异常，以设备为单位执行预设的异常巡检任务，生成设备状态评估报表，为异常设备的准确分析提供数据支撑，实现单个异常设备、多个异常设备的监测跟踪。

5）巡检结果确认：支持人工核查巡检结果和告警信息的实时监控画面链接快捷跳转，可人工查看告警设备实时监控画面，核查告警信息是否属实，支持反馈意见录入；支持按照预设的设备告警阈值自动告警，设备告警等级分为预警、一般、严重、危急等。每个巡视点包含本次巡视任务的全部采集信息、阈值，系统在巡视任务审核完成后自动生成巡视报告。

6）巡检结果分析：系统具备巡视数据对比分析、生成历史曲线等功能，并可根据需要生成分析报告；具备时间段、设备区域、设备类型、识别类型、表计类型选择及设备树模糊筛选等组合条件查询功能，查询条件可多选；按查询条件，生成设定区间内的历史数据曲线。

7）设备状况查询：定时上传站内摄像头实时状态（在线/离线）；定时对摄像头视频画面质量状态进行诊断，如清晰度异常检测、噪声检测、偏色检测、亮度异常检测、信号丢失检测、视频遮挡检测、画面冻结检测。支持从机器人后台获取巡检任务列表；支持从高清视频后台获取巡检任务列表；支持根据实际需要，对机器人与高清视频巡检任务进行组合，形成更优的巡检任务并发起联合巡检。

图 5-23 和图 5-24 是该智能巡视系统应用对箱门和隔离开关的检测结果。

（a）　　　　　　　　　　　　　　　　　　（b）

图 5-23　箱门闭合状态检测结果

（a）箱门闭合；（b）箱门打开

 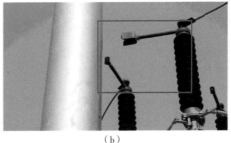

（a）　　　　　　　　　　　　　　　　　　（b）

图 5-24　隔离开关状态检测结果

（a）隔离开关合上；（b）隔离开关打开

5.3.2.2　组合电器局部放电诊断

1. 应用背景

组合电器设备（以下称 GIS 设备）具有结构紧凑、外形及安装尺寸小、故障率低等特点，在变电站中大量使用。但从实际运行情况来看，现有 GIS 设备故障率远高于标准要求。统计分析发现，GIS 设备绝缘故障常发生在固体绝缘表面，发生时间一般为 GIS 设备使用后不久。这是由于部分 GIS 设备在生产制造时因工艺或者材料问题，导致某处内部存在杂质；或者在搬运、运输期间发生磕碰，某些零件松动甚至脱落或产生缺陷，导致接触不良，从而出现电极电位悬浮现象，造成 GIS 设备绝缘缺陷。这些缺陷初始时影响较小，在设备进行工频耐压实验时由于施加电压时间较短，一般不会发生击穿放电的情况，因此难以排查故障。但是设备投运后，在长期运行电压下部分缺陷会导致设备内部绝缘不断劣化，引起局部区域电场场强变化，引发局部放电，最终导致设备击穿故障。

局部放电是 GIS 设备发生绝缘劣化的主要因素，研究人员常从局部放电水平来评价 GIS 内部的绝缘劣化情况。电力设备局部放电具有一定随机性，一般不会直接造成设备绝缘击穿。但是长期稳定存在的局部放电极有可能破坏设备绝缘，引发故障跳闸。由于 GIS 设备是金属密封的不透明结构，局部放电物理现象不明显，一般难以发现。随着局部放电的不断发展，缺陷区域的电场强度会越来越大，设备绝缘劣化情况恶化程度加剧，并且其影响的范围也会扩大。GIS 内局部放电增强到一定程度后会引发绝缘击穿，导致设备跳闸，甚至可能造成大面积停电，产生严重的经济损失。因此，有必要开展 GIS 设备局部放电诊断应用，对 GIS 设备进行局部放电检测，及时发现设备中的隐患。

为了实现 GIS 设备局部放电监测与快速诊断，需要研究局部放电信号的自动识别算法。结合局部放电谱图的特性，可通过深度神经网络构建局部放电诊断算法模型。通过搭建 GIS 缺陷模拟平台，结合已有局部放电机理设置模拟缺陷，利用特高频局部放电传感器采集典型缺陷信号，实现训练样本数据收集及处理。从每类局部放电的试验数据库中选取若干组作为典型放电的样本库，其余组作为待测试集合，利用样本库图像对神经网络算法模型进行训练、用测试集图像进行识别性能验证，最后进行算法优化，得到可用于 GIS 设备局部放电识别的神经网络算法。

由于 GIS 设备局部放电监测需要采集波形数据，且布点密集、监测频繁，每天可产生大量的监测数据。但 GIS 设备局部放电不常发生，将大量正常波形数据发回后台诊断分析将大量占用变电站出口带宽，不利于变电站运行监测。为此，考虑采用边缘计算方式，通过边缘侧诊断局部放电情况，发现局部放电后进行告警并向上报送，可有效地减少数据传输，提高局部放电缺陷的发现效率。

2. 基于深度神经网络的局部放电诊断算法

设备局部放电图谱具有较为明显的周期和幅值分布特征，专业人员通常基于这些特征完成局部放电缺陷的判断。这些特征可被深度神经网络"学会"，从而实现局部放电谱图的自动诊断。下面主要介绍一种基于深度残差网络的局部放电识别算法。

（1）局部放电识别算法设计思路。

局部放电识别重点在于识别其放电类型。局部放电的电磁波信号有较为明显的时域和频域特性，因此，使用时频分析法来提取信号特性，并采用ResNet深度残差网络快速学习局部放电信号特性。具体做法是：采用小波变换进行时频分析，并通过时频特征确定输入特征变量的范围，计算各特征变量相对目标结果的权重并建立相关特征空间；再利用交叉验证的方法，分析依次输入各相关特征变量后的预测效果，选取使预测效果最好的输入参数组合和隐含层神经元个数。另外，为了解决误差反向传播训练时易陷入局部极小点发生过拟合的问题，可结合优化算法以使网络获得最优的参数。

根据以上步骤，基于ResNet模型组合多种算法，建立组合预测模型，局部放电模式识别算法设计如图5-25所示。

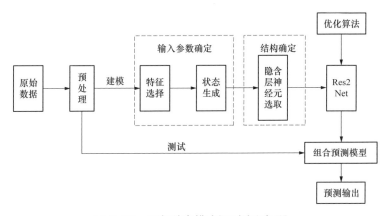

图5-25 局部放电模式识别流程框图

建立局部放电模式识别流程后，需要采集和处理典型的局部放电信号样本，并训练深度残差网络，以建立局部放电识别模型。

（2）局部放电信号样本采集。

基于搭建的220kV真型GIS试验平台及样本采集系统，在内部设置不同的局部放电缺陷。利用外置无线特高频局部放电传感器、DMS特高频局部放电检测仪、DFA-100超声波局部放电检测仪和示波器装置，收集局部放电缺陷模型样本数据。在真型试验平台进行试验后，对数据样本进行收集与处理，获取不同电压下、不同放电模式的样本数据，作为训练样本原始数据。局部放电样本采集真型实验平台如图5-26所示。

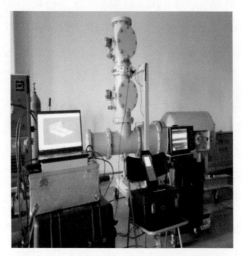

图5-26　局部放电样本采集真型实验平台

（3）样本数据处理。

通过传感器采集的设备局部放电信号往往有很多干扰，需要进行信号的预处理才能够获取可用样本。此处可以利用参数可调检波算法，对有线特高频传感器、高速数据采集模块得到的局部放电原始信号进行检波处理，同时模拟不同检波电路处理结果，形成训练样本库。将采集到的数据导入计算机，并引入随机相位，将长度为L_{all}的传感器信号数列截取成长度为L_n的连续子序列，截取位置为N_{off}，N_{off}是一个0到$L_{all}-L_n$的随机数。然后利用参数可调模拟检波算法实现滤波，得到检波信号，处理流程如图5-27所示，通过处理后的局部放电信号能够用于算法训练。

（4）基于ResNet的边缘侧局部放电诊断算法。

综合对比目前各种网络的优缺点以及尝试多种网络训练、优化方法之后，选择以ResNet作为参考，设计适用于局部放电图谱诊断的神经网络。该网络应具备存储资源、计算资源占用小的特点，以适应在边缘侧部署应用。该网络主要由输入部分、中间卷积部分、输出部分三部分组成：输入数据为PRPD谱图，包含局部放电时频信号的全部特征；中间卷积层使用由16个3层卷积

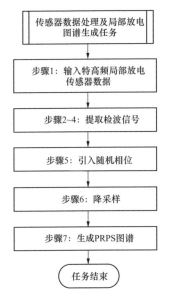

图 5-27 局部放电传感器数据处理算法流程

构成的残差单元组成；输出部分为诊断结论，包括电晕、悬浮、沿面、气隙、微粒、噪声、正常、其他等八类。基于上述网络设计，选取 5 万张典型局部放电缺陷样本进行训练，能够得到局部放电诊断算法。

3. 组合电器局部放电诊断边缘计算应用

图 5-28 是局部放电诊断边缘应用，实现了对各类局部放电传感器实时数

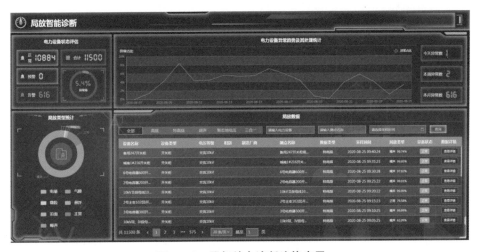

图 5-28 局部放电诊断边缘应用

据和历史数据的展示，包含了 PRPD 和 PRPS 图谱，同时也实现了对局部放电数据的智能诊断，获取诊断结果以及置信区间，辅助用户判断电力设备局部放电情况。局部放电诊断应用具备以下功能：

（1）检测和识别局部放电。利用传感器和监测系统，可以检测到开关设备中发生的局部放电现象，并准确识别其位置、强度和类型。

（2）异常警报和监测。当局部放电活动超过设定的阈值时，系统可以发出警报，通知操作人员进行必要的修复和维护操作。此外，系统还可以实时监测局部放电活动的变化，并提供相关的趋势分析和报告。

（3）定位和映射。通过分析局部放电信号，可以确定其源头的位置，并提供准确的设备树地理位置图。这可以帮助工作人员快速定位和解决局部放电问题。

（4）评估设备健康状况。局部放电诊断可以提供关于设备的健康状况和性能退化的信息。通过监测局部放电活动的变化和趋势，可以评估设备的运行状态，并提供相应的维护建议。

（5）预防和预测性维护。通过及时检测和诊断局部放电，可以提前发现设备故障和潜在问题，并采取相应的维护措施，以避免设备损坏和停机。预测性维护可以帮助降低维修成本，并提高设备可靠性。

5.3.2.3 避雷器阻性电流监测

1.应用背景

避雷器是一种保护电力系统设备和线路免受过电压冲击的装置，主要用于防止由雷电、电网故障或其他原因引起的过电压对电力设备造成损害。当电力系统中存在过电压时，避雷器会迅速响应并引导过电压的能量流入地下，从而保护其他设备。但是在长期运行过程中，避雷器难免出现氧化锌阀片老化、密封失效漏水等问题，导致避雷器伏安特性发生变化，在运行电压下泄漏电流不断增大，致使设备发热异常，最终导致避雷器在运行电压下导通，剧烈发热而发生爆炸，威胁其他设备安全。因此，为了能在早期发现避雷器阀片老化或密封失效缺陷，避免避雷器在运行电压下发生导通爆炸，确保电力设备能够安全、稳定地运行，需要开展避雷器泄漏电流监测，以便及时发现避雷器异常情况。在泄漏电流超过阈值时迅速向运维人员告警，并提醒检修人员采取相应的维修或更换措施，确保电力系统的安全可靠运行。

避雷器泄漏电流由容性分量和阻性分量组成，其中阻性电流是能够直接反应避雷器设备状态的指标。通过跟踪阻性电流的变化，可以判断避雷器的具体缺陷类型，如内部受潮、阀片老化等，并提出相应的维修措施建议。但由于避雷器是容性设备，其泄漏电流主要为容性电流分量，且会随着气象环境等外部因素发生较大变化，从而掩盖阻性电流变化情况，导致直接测量的泄漏电流不能准确反应避雷器内部异常。为此，需要进一步探索避雷器阻性电流监测算法。

2. 避雷器阻性电流监测算法

避雷器阻性电流不能直接测量，需要获取通过避雷器的本体电流和两端电压两项参数来进行计算，如图 5-29 所示。在现场应用中，采用无线电流传感器监测流过避雷器的总泄漏电流 I，采用无线电压传感器监测避雷器两端的电压 U，可以计算得到电流有效值 I 超前 U 的相位角 φ，则基波阻性电流 $I_{R1}=I\cos\varphi$。

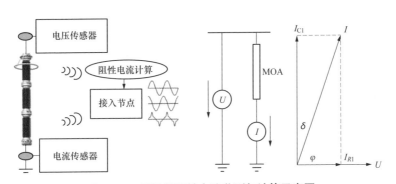

图 5-29 避雷器阻性电流监测与计算示意图

在测量避雷器阻性电流的无线传感网中，电压传感器和电流传感器同步采集精度直接决定了阻性电流的计算准确度。实测表明若将计算误差控制在 2% 以内，需要将同步精度控制在 10μs 以内。

避雷器阻性电流监测需要准确的电压、电流数据，如果全部传输到云端进行处理和存储，则可能由于传输延迟而无法满足阻性电流准确计算的要求。因此，需要借助边缘计算，在就地边缘设备上直接进行数据处理、筛选和压缩，直接完成阻性电流计算，将结果数据传输到云端，减少带宽的需求和数据传输时间，使避雷器阻性电流监测结果更为有效合理。图 5-30 为后台应用 App 功能软件设计流程图，后台 App 针对采集的避雷器电流、电压数据先进行处理，并将计算结果存入数据库。

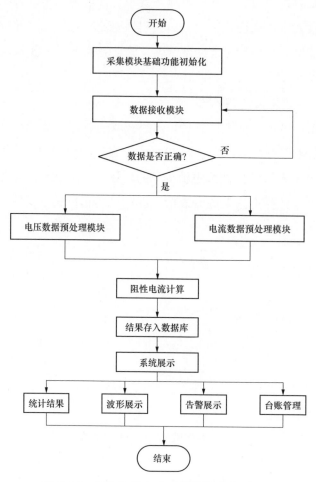

图 5-30　后台应用 App 功能软件设计流程图

3. 避雷器阻性电流监测边缘计算应用

避雷器阻性电流监测应用具备以下功能：

（1）实时监测。监测系统能够实时检测和记录避雷器泄漏电流的数值，确保对避雷器状态的及时监测。

（2）警报和告警。监测系统可以设置阈值，当避雷器泄漏电流超过预设的阈值时，会触发警报和告警功能，通知相关人员或系统进行处理。

（3）数据记录和分析。监测系统能够记录和存储泄漏电流的历史数据，对数据进行分析和统计，用于判断避雷器的健康状况和制定未来维护计划。

（4）远程监控和控制。监测系统可支持远程监控和控制功能，通过网络连接用户可以随时查看避雷器的泄漏电流数据，并进行远程控制和调整。

（5）故障诊断和维护。监测系统可以根据泄漏电流数据对避雷器进行故障诊断，及时发现和解决避雷器出现的问题，提醒运维检修人员进行维护和修复。

通过这些应用功能，维护人员可以对避雷器的状态进行监测，提前发现问题，确保避雷器可靠运行，从而保护输电线路和电力设备的安全运行。图5-31为边缘应用App界面，包括设备在线状态、单次数据采集详细信息、泄漏电流波形及历史变化趋势。

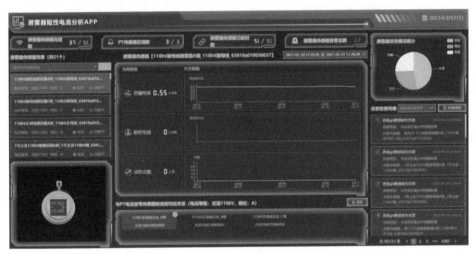

图5-31 避雷器阻性电流分析应用

第六章

输变电物联网
测试技术

输变电物联网设备采用低功耗无线通信、微源自取能等新兴技术，具备与传统在线监测装置不同的功能及性能特点，其试验项目、试验方法、判定依据都与传统在线监测装置有较大的区别。本章首先介绍输变电物联网设备检验规则及项目，然后给出其重点试验项目的试验方法、判定准则，最后针对普遍关心的输变电物联网设备可靠性问题，介绍其可靠性评估方法。

6.1　检验规则及试验项目

6.1.1　检验规则

输变电物联网传感器、节点设备在产品全寿命周期需要经历大量测试，一般可分为型式试验、出厂试验、入网试验三个阶段，不同阶段的一般要求如下：

（1）型式试验。型式试验是对设备功能、性能的全方位检测，起到为设备功能、性能定型的作用，型式试验合格意味着制造商的产品达到了设计目标或具备生产该产品的能力。一般来说，当出现以下情况之一时应进行型式试验：

1）新产品定型前。

2）正常生产时，每4年进行一次。

3）停产1年后又恢复生产时。

4）生产设备发生重大改变时。

5）正式生产后，结构、材料、工艺有改变时。

6）国家技术监督机构或受其委托的技术检验部门提出型式试验要求时。

（2）出厂试验。在制造阶段，制造商需要通过出厂试验确定出厂设备制造是否符合要求，以便及时剔除次品，把控良品率。出厂试验应逐台开展，同时不同设备开展的试验项目有所不同。具体来讲，对于非破坏性试验项目可以逐台开展；对于破坏性试验项目可以抽取少量设备开展，以此来检验该批次设备是否存在问题。通过非破坏性试验项目的设备可出厂销售，开展破坏性试验项目的设备应进行废样处理。

（3）入网试验。在设备入网阶段，设备验收方需要根据招标要求对输变电物联网设备进行验收试验，确保接收设备满足招标要求。入网试验一般分为定样试验和验收试验两种：定样试验是面向型号的全方位检测，确保该型号设备功能、性能全方位满足验收要求，通过定样试验的型号可以进行供货，检测项目可参考型式试验；验收试验可逐台检测也可抽样，通常为非破坏性试验，当合格率满足验收方要求时即准许验收。

6.1.2　试验项目

本书推荐的输变电物联网设备各阶段试验项目类别如表 6-1 所示。

表 6-1　　　　　　　　　　输变电物联网设备各阶段试验项目类别

类别名称	型式试验	出厂试验	入网试验		适用设备
			定样试验	验收试验	
外观检查	●	●	●	●	传感器、节点设备
基本功能检查	●	●	●	●	传感器、节点设备
通信协议一致性	●	○	●	○	无线传感器、节点设备
接入及组网性能	●	●	●	○	节点设备
无线通信性能	●	●	●	●	无线传感器、节点设备
取能性能	●	○	●	●	具备自取能功能的设备
功耗性能	●	○	●	●	传感器、节点设备
电池性能	●	○	●	●	电池供电的设备
电磁兼容性能	●	○	●	○	传感器、节点设备
准确性	●	●	●	●	传感器
环境适应性	●	●	●	○	传感器、节点设备
外壳防护等级	●	●	●	○	传感器、节点设备

续表

类别名称	型式试验	出厂试验	入网试验		适用设备
			定样试验	验收试验	
电气性能	●	○	●	○	传感器、节点设备
机械性能	●	○	●	○	传感器、节点设备
可靠性	○	○	○	○	传感器、节点设备

注　●为必要试验的类别；○为非必要试验的类别。

综合考虑输变电物联网设备无源化、无线化、低功耗、小型化等技术特点，下面重点介绍通信协议一致性、接入及组网性能、无线通信性能、取能性能、功耗性能、电池性能、电磁兼容性能试验项目。

1. 通信协议一致性

输变电物联网设备的一大特征是采用统一的无线通信方式，基于统一的通信协议，可实现传感器即插即用和不同厂家传感器、节点设备之间的互联互通。通信协议一致性检测旨在确保被测型号的设备采用了规范的通信协议。本书以目前广泛使用的 Q/GDW 12020—2019《输变电设备物联网微功率无线网通信协议》（简称《微功率协议》，采用该协议的传感器称为微功率传感器）、Q/GDW 12021—2019《输变电设备物联网节点设备无线组网协议》（简称《节点组网协议》，采用该协议的传感器称为节点组网传感器）为例，介绍各试验项目。

（1）微功率传感器试验项目。包括 Message 收发、Burst 收发、业务信道频点配置等 6 项试验项目，用于检验微功率传感器的业务上报、突发上报、频点配置、周期配置等功能接口。

（2）节点组网传感器试验项目。包括随机接入过程、上行调度过程、DRX 交互过程、上下行组包分片、DRX 周期变化响应等 8 个试验项目，用于检验传感器的接入、休眠周期配置等功能接口，同时具备配合节点设备实现大数据量可靠上传、有序调度的能力。

（3）节点设备试验项目。包含北向随机接入、DRX 交互过程、白名单管理等 18 个试验项目，用于检验节点设备对传感器接入、组网、调度、网络管理能力及接口规范性。

2.接入及组网性能

汇聚节点、接入节点组成的无线传感网络的基本功能是数据接入和信号覆盖，接入容量、组网性能用于评价节点设备网络层能力。

（1）接入容量。接入容量即节点设备可接入传感器的最大数量，接入传感器数量超出接入容量时，传感器接入稳定性会降低至阈值以下。

（2）组网性能。组网性能即节点设备组成不同拓扑传感网的规模。在电力场景中，通常使用星型拓扑或线性拓扑。

3.无线通信性能

无线通信性能包括发射性能和接收性能两方面，用于检验无线通信物理层参数是否满足要求。其中，发射性能包括全向发射功率、发射带宽、发射频率容差及杂散发射4项；接收性能包括全向接收灵敏度、接收频率容差2项。

（1）全向发射功率：传感器或节点设备在空间三维球面上的射频发射功率积分，表征设备在各方向射频发射功率的平均值，与通信距离呈正相关。

（2）发射带宽：传感器或节点设备发射最高频率与最低频率之差，表征信号发射的频率范围。

（3）发射频率容差：传感器或节点设备实际频点与参考信道频点的偏移量，以百万分之几（ppm）表示，发射频率容差过大会导致信号无法被正常接收。

（4）杂散辐射：传感器或节点设备在参考带宽外某个或某些频率上的发射功率，杂散发射信号不利于数据通信，会对其他频段的通信产生干扰。

（5）全向接收灵敏度：传感器或节点设备空间三维球面上的接收灵敏度积分，表征设备在各方向射频信号接收灵敏度平均值，与通信距离呈负相关。

（6）接收频率容差：传感器或节点设备实际接收频点与参考信道频点的偏移量，以百万分之几（ppm）表示，接收频率容差过大会导致信号无法被正常接收。

4.取能性能

部分输变电物联网设备应用了微源自取能技术，利用环境中电流、电压、磁场、振动、温差等能源取能设备工作，取能性能即设备获取并供给后级电路工作的能力，采用微源自取能方式供电的设备应通过取能性能测试。以电流取能原理为例，包括以下试验项目：

（1）启动电流阈值：启动电流即支持传感器启动的最小一次电流，用于评价传感器稳定性。

（2）饱和磁通密度：检验磁芯材料的磁饱和特性，用于评估取能模块在大电流下对后级电力的保护能力。

（3）最小工作间隔：最小工作间隔取决于传感器两次工作之间储能电容的最小充电时间，用于评估传感器取能性能对传感器高频监测的适配能力。

（4）模块输出功率：模块输出功率即取能模块在某一次电流下的最大输出功率，用于评估取能模块支持后级电路运行的能力。

5. 功耗性能

输变电物联网传感器大多摒弃了有线供电方式，通过环境取能或一次电池供电，功耗低的设备在装备续航时间、感知实时性方面具备优势。功耗性能即对输变电物联网传感器不同工况的功耗进行测试，同时估算其续航时间，包括休眠功率、工作功耗、等效续航时间。

（1）休眠功率：大部分物联网传感器为了满足低功耗需求，采用了定时休眠策略，休眠功耗即传感器休眠过程中整机功率平均值。

（2）工作功耗：工作功耗检测即测试传感器从休眠状态被唤醒到再休眠过程中整机功耗平均值，工作状态持续越长、平均功率越高，其工作功耗越大，这将导致传感器续航时间下降、休眠周期增长。

（3）等效续航时间：电池等效续航时间是指传感器在固定电池容量和休眠周期下的持续运行时间，估算时考虑传感器不同工况功耗、休眠周期、电池容量、电池衰减等因素。

6. 电池性能

输变电物联网传感器部分采用电池供电，性能良好的电池能确保传感器长时间稳定工作，包括额定容量、过充电保护、过放电保护等7个项目。

（1）额定容量：指在标准放电条件下，电池从满电放电至截止电压时放出的电量。

（2）荷电保持及能量恢复能力：针对可充电电池，检验电池储存一段时间后的容量，用于评估自放电情况。

（3）高温能量保持率：针对可充电电池，检验高温情况下的容量，用于评估电池在高温下自放电情况。

（4）低温能量保持率：针对可充电电池，检验低温情况下的容量，用于评估电池在低温下的放电能力。

（5）过充电保护：可充电电池充电电压过高，会导致电池内部短路，从而引起电池爆炸。为了避免这种情况的发生，在电池上附加一个保护电路，当充电电压大于规定值时，断开充电电路。

（6）过放电保护：当电池电压低于放电临界值时停止电池的电流输出，防止电池过放而导致电池永久性损坏。

（7）过电流保护：当流过被保护元件中的电流超过预先整定的某个数值时，保护装置启动并保证动作的选择性，使断路器跳闸或给出报警信号。

7. 电磁兼容性能

电磁兼容性（ElectromagneticCompatibility，EMC）测试是为了确保电子设备在共存于同一电磁环境中时，能够相互协调工作而不产生不希望的干扰或遭受干扰。这些测试涵盖了不同类型的电磁干扰和电磁抗扰度情况，以评估设备的性能和稳定性。在电力场景，由于环境电磁干扰复杂且剧烈，主要需要对设备开展抗扰度测试，包括静电抗扰度测试、辐射电磁场抗扰度测试、电快速瞬变脉冲群测试、浪涌抗扰度测试、射频场感应的传导骚扰抗扰度测试、工频磁场抗扰度测试、脉冲磁场抗扰度测试、阻尼振荡抗扰度测试、电压暂降抗扰度测试9个项目。

（1）静电放电抗扰度：静电放电可能导致设备内部电路损坏、数据丢失或功能失效，在电力场景中，人体、设备、工装器具都可能成为静电放电危害源。通过静电抗扰度测试，可以确保入网设备在遭受静电干扰时继续正常工作。

（2）辐射电磁场抗扰度：外部电磁辐射可能在一定频率范围内干扰设备的正常工作。辐射电磁场抗扰度检测的目的在于检验传感器在受到外部电磁场辐射时正常工作的能力，通过辐射电磁场抗扰度测试，可以确保入网设备在电力强电磁辐射环境中依然能够稳定工作。

（3）电快速瞬变脉冲群抗扰度：电感性负载切换、继电器触点弹跳高压开关切换等操作会引起电快速瞬变脉冲群，可能导致设备电源线上的电压瞬时变化，进而影响设备内部电路的工作。通过电快速瞬变脉冲群抗扰度测试，可以确保入网设备在遭受瞬时脉冲群扰动时仍可以正常工作。

（4）浪涌抗扰度：开关通断和雷击可能产生浪涌电压，浪涌电压干扰可能导致设备电源线上的电压瞬时变化，影响设备内部电路的正常工作。通过浪涌抗扰度测试，可以确保入网设备能够在电源线上发生浪涌电压时依然能够正常工作。

（5）射频场感应的传导骚扰抗扰度：环境中的射频干扰可能通过天线、外壳、线缆传导至设备内部，干扰设备的电子元件，导致设备功能异常或性能下降。通过射频场感应的传导骚扰抗扰度测试，可以确保入网设备在无线电波传导干扰的环境中仍然正常运行。

（6）工频磁场抗扰度：电力系统存在较强的由工频电流产生的工频磁场，会对设备的电子元件产生影响，导致设备功能异常或性能下降。通过工频磁场抗扰度测试，可以确保入网设备在强工频磁场干扰下仍然可以正常运行。

（7）脉冲磁场抗扰度：雷击、电磁脉冲等会产生脉冲磁场，会对设备内集成电路产生干扰，造成设备故障或损坏。通过脉冲磁场抗扰度测试可以确保传感器在高频脉冲磁场干扰下仍能正常运行。

（8）阻尼振荡磁场抗扰度：开关分合可能会导致主回路内电磁能量振荡，产生阻尼振荡磁场，会损坏设备内部的电子器件。通过阻尼振荡磁场抗扰度测试，可以确保入网设备在受到外部振荡或冲击磁场扰动时能够保持正常运行。

（9）电压暂降抗扰度：电网故障、大电流负载启动等可能导致电压暂降。通过电压暂降抗扰度测试，可以确保设备受到电压暂降干扰时能够正常运行或自主恢复。

6.2 试验方法及判定依据

输变电物联网设备具备无源化、无线化、低功耗、小型化等技术特点，需要重点对通信协议一致性、接入及组网性能、无线通信性能、取能性能、功耗性能、电池性能、电磁兼容性能进行检验。本节介绍以上试验项目的试验方法和判定依据，环境适应性、外壳防护等级、机械性能等其他试验可参照通用试验方法开展。

6.2.1 通信协议一致性

本书以 Q/GDW 12020《输变电设备物联网微功率无线网通信协议》和 Q/GDW 12021《输变电设备物联网节点设备无线组网协议》为例，介绍通信协议一致性的试验方法。

6.2.1.1 微功率协议测试

Q/GDW 12020《输变电设备物联网微功率无线网通信协议》用于设备温度、杆塔倾斜、环境温湿度等数据量小，通信可靠性和实时性要求不高的传感器，试验项目有报文收发类和参数配置类 2 种。其中，报文收发类试验项目包括 Message 收发、Burst 收发、REQ/RSP 收发 3 项，参数配置类试验项目包括上报周期配置、业务信道频点配置、其他参数配置 3 项。

1. 报文收发类项目

试验方法：触发传感器发送对应形式报文，在节点设备上对交互报文进行观测。

判别方法：传感器 / 节点设备响应、帧格式和接入过程应符合微功率无线通信协议。

2. 参数配置类项目

试验方法：触发传感器发送 REQ 指令，节点设备在接收 REQ 指令后下发参数配置报文，在节点设备上对报文交互过程进行观测，在传感器上对配置是否生效进行观测。

判别方法：传感器 / 节点设备 REQ/RSP 帧格式和接入过程应符合微功率无线通信协议，参数配置生效。

6.2.1.2 节点组网协议测试

Q/GDW 12021《输变电设备物联网节点设备无线组网协议》适用于大数据量、强实时性、高同步性的场景，传感器和节点设备均可应用，试验项目分为报文收发类、组包分片类、控制指令类和网络管理类 4 种。

其中，报文收发类试验项目包括北向随机接入、北向 USCH 通信、汇聚节点随机接入、节点主设备通道广播 BCH、低功耗随机接入、DRX 交互、DSCH 通信；组包分片类项目包括下行组包分片、上行组包分片；控制指令类试验项目包括业务信道频点配置、同步采集、上报周期配置、DRX 配置；网络管理类试验项目包括单跳拓扑组网通信测试、链状拓扑组网通信测试、白名单管理、设备注册、变化拓扑。

1. 报文收发类项目

试验方法：节点设备、传感器组成传感网络，触发被测传感器/节点设备发送对应形式报文，在接入节点上对交互报文进行观测。

判别方法：传感器/节点设备响应、帧格式和接入过程应符合节点组网协议。

2. 组包分片类项目

试验方法：节点设备、传感器组成传感网络，触发传感器或接入节点发出 10KB 以上大数据包，在接入节点上对交互报文进行观测。

判别方法：传感器/节点设备应能对上下行的数据进行 MAC 分片和 MAC 组包，数据组包后经校验无误。

3. 控制指令类项目

试验方法：节点设备、传感器组成传感网络，触发接入节点发出控制指令，在接入节点上对报文交互过程进行观测，在传感器上对配置是否生效进行观测。

判别方法：传感器/节点设备 USCH、DSCH 等过程符合节点组网协议，参数配置生效。

4. 网络管理类项目

试验方法：节点设备、传感器组成指定形式的传感网络，打开节点设备网络管理系统，模拟新传感器接入、拓扑变化等过程，观测网络状态和传感器接入情况。

判别方法：从节点设备网络管理系统中观测网络构建和传感器数据接入情况，观测网络是否正常构建、传感器是否正常接入。

6.2.2 接入及组网性能

接入及组网性能试验项目用于考核节点设备，有接入容量、组网性能测试 2 种。

6.2.2.1 接入容量

1. 汇聚节点接入容量

试验方法：传感网系统由被测汇聚节点、陪测接入节点、（模拟）无线传感器组成。改变接入无线传感器数量，长时间运行，统计汇聚节点丢包率。

判别方法：比较实测丢包率和要求值，丢包率须小于等于要求值。

2. 接入节点接入容量

试验方法：传感网系统由被测接入节点、陪测汇聚节点，（模拟）无线传感器组成。改变接入无线传感器数量，长时间运行，统计汇聚节点丢包率。

判别方法：比较实测丢包率和要求值，丢包率须小于等于要求值。

6.2.2.2 组网性能

试验方法：将多台汇聚节点和 1 台接入节点通过射频线相连，构成组网通信测试环境。每台汇聚节点接入一定数量（模拟）无线传感器并长时间运行，查看数据解析结果和传感网系统拓扑关系，统计丢包率。

判别方法：数据解析、拓扑关系正确，丢包率小于等于要求值。

6.2.3 无线通信性能

测试项包括全向发射功率、发射带宽、发射频率容差、杂散发射、全向接收灵敏度及接收频率容差，方法如下：

1. 全向发射功率

试验方法：按照 YD/T 1484.1—2016《无线终端空间射频辐射功率和接收机性能测量方法 第 1 部分：通用要求》中 5.3 的方法在微波暗室中测试。传感器 / 节点设备进入发射机检测模式，设置发射端设备为最大发射功率，工作模式为发送数据，在微波暗室中通过空口测试信号强度。

判别方法：测量传感器 / 节点设备的全向发射功率值，判断全向发射功率值是否在指定范围。

2. 发射带宽

试验方法：传感器 / 节点设备进入发射机检测模式，使用频谱分析仪测试发射带宽。

判别方法：测出传感器 / 节点设备信号发射最高频率、最低频率，计算两者的差值，即为发射带宽值，判断发射带宽是否在指定范围。

3. 发射频率容差

试验方法：传感器 / 节点设备进入发射机检测模式，使用频谱分析仪测试发送中心频率。

判别方法：计算中心频率与设置的信道中心频率之差（ppm），判断差值是否在指定范围内。

4. 杂散发射

试验方法：按照 YD/T 1484.1 中 5.3 的方法在微波暗室中测试。传感器 / 节点设备进入发射机检测模式，使用频谱分析仪测试目标频段外的信号强度，即为杂散信号强度。

判别方法：杂散信号强度应低于要求值。

5. 全向接收灵敏度

试验方法：按照 YD/T1484.1 中 6.3.1 的方法在微波暗室中测试。传感器 / 节点设备进入接收机检测模式，使用 3dB 全向天线。逐步降低发射端发射功率，查看接收数据并计算丢包率。

判别方法：连续运行 1000 个数据包以上，若丢包率大于要求值，则说明传感器无法达到该灵敏度要求；若丢包率小于等于要求值，则说明传感器可达到该灵敏度要求。接收灵敏度应小于要求值。

6. 接收频率容差

试验方法：传感器 / 节点设备进入接收机检测模式，逐级调整发射频率，发送数据包，将传感器 / 节点设备接收数据与信号源发射数据进行比对，计算节点设备丢包率。

判别方法：丢包率小于等于要求值，说明该频点发射信号可成功接收，得出接收机可接受频率的上下限，其中心频率与设定接收频率之差即为接收频率容差。接收频率容差应小于要求值。

6.2.4 电磁兼容

电磁兼容测试包含静电放电抗扰度测试、射频电磁场辐射抗扰度测试、工频磁场抗扰度测试、脉冲磁场抗扰度测试、阻尼振荡磁场抗扰度测试、电压暂降抗扰度测试、脉冲群抗扰度测试、浪涌抗扰度测试、射频场感应的传导骚扰抗扰度测试，其试验方法及判别方法如下。

1. 静电放电抗扰度

试验方法：试验连接示意图如图 6-1 所示，采用接触放电法，使用放电枪对设备的裸露导体表面进行放电测试。采用空气放电法，使用放电枪对垂直耦合板或水平耦合板放电，对设备不导电的表面进行放电测试。放电枪放电电压可在 2~8kV 中进行选择。

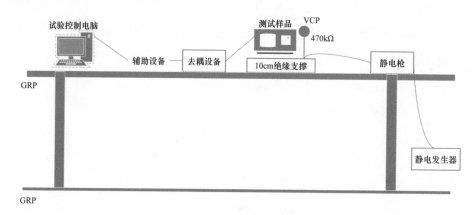

图 6-1 试验连接示意图

判别方法：检测前检查设备功能，检测中和检测后观察设备功能是否正常，按照表 6-2 确定设备静电放电抗扰度等级。

表 6-2　　　　　　　　　　抗扰度等级

等级	描述
A	在技术条件规定的范围内正常工作
B	功能或性能暂时丧失或降低，但在骚扰停止后能自行恢复，不需要操作者干预
C	功能或性能暂时丧失或降低，但需操作者干预才能恢复
D	因设备硬件或软件损坏，或数据丢失而造成不能自行恢复的功能丧失或降低

2. 射频电磁场辐射抗扰度

试验方法：需在电磁兼容暗室中试验，以 3m 法暗室为例，试验连接示意图如图 6-2 所示。将被测试设备放置在测试室内，根据标准要求和测试方案进行布置，连接设备所需的电源、信号线和通信接口等。设置射频辐射源的位置、功率和频率等参数，将辐射源放置在适当的位置，以模拟设备在实际应用中可能遇到的射频电磁场干扰。对被测试设备施加射频辐射场，可以逐步增加辐射源的频率，记录设备在不同频率下的性能表现，包括可能的故障、干扰等情况。试验频率范围可在 80~1000MHz 选择。

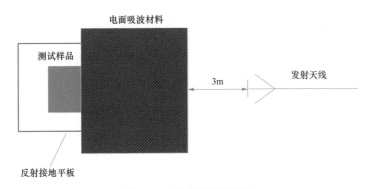

图 6-2　试验连接示意图

判别方法：检测前检查设备功能，检测中和检测后观察设备功能是否正常，按照表 6-2 确定设备射频电磁场辐射抗扰度等级。

3. 工频磁场抗扰度

试验方法：试验连接示意图如图 6-3 所示。检查磁场测试线圈与设备连接。选择测试次数、实验间隔持续时间、磁场强度、测试方式、线圈币数、线圈因数等。根据被测试设备等级要求，按照测试等级设置参数，记录被试品的反应情况。

判别方法：检测前检查设备功能，检测中和检测后观察设备功能是否正常，按照表 6-2 确定设备工频磁场抗扰度等级。

4. 脉冲磁场抗扰度

试验方法：试验连接示意图如图 6-4 所示。确保设备的电源、信号线和通信接口等连接正确，将脉冲磁场发生器放置在适当的位置。根据要求

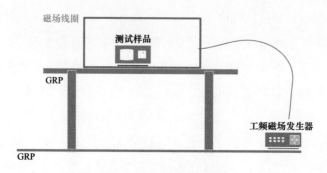

图 6-3　试验连接示意图

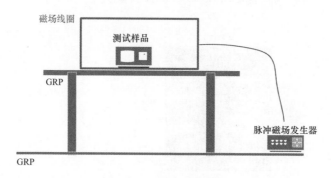

图 6-4　试验连接示意图

设置脉冲参数，如脉冲幅度、宽度和重复频率等，以模拟真实环境中的瞬态磁场干扰，逐步增加脉冲磁场的强度，以一系列不同幅度的脉冲进行测试。测试设备在不同强度下的性能表现，包括可能的故障、干扰以及其他异常情况。

判别方法：检测前检查设备功能，检测中和检测后观察设备功能是否正常，按照表 6-2 确定设备脉冲磁场抗扰度等级。

5. 阻尼振荡磁场抗扰度

试验方法：试验连接示意图如图 6-5 所示。设定测试环境，确保测试室或测试区域的温度、湿度、电磁环境等符合测试要求，验证测试设备或系统已正确安装、连接并处于正常工作状态。根据相关测试标准或要求，设定磁场发生器的参数，包括磁场频率、幅度、波形（正弦波、方波等）和持续时间等，启动磁场发生器，产生设定的磁场强度和频率，监测和记录测试期间的数据，包括测试设备的振荡频率、幅度、相位，以及任何异常情况、故障或警报信息。试验至少应在两种频率下进行，范围为 30kHz~10MHz，推荐为 0.1MHz 和 1MHz，对频率为 0.1MHz 的试验，其重复频率至少应为 40Hz；对 1MHz，其重复频率至少应为 400Hz。重复频率将与试验频率成比例增加或减少。

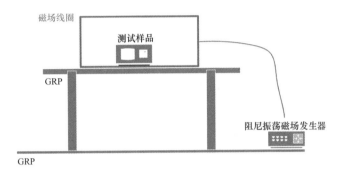

图 6-5　试验连接示意图

判别方法：检测前检查设备功能，检测中和检测后观察设备功能是否正常，按照表 2 确定设备阻尼振荡磁场抗扰度等级。

6. 电压暂降抗扰度

试验方法：试验连接示意图如图 6-6 所示。验证测试设备或系统已正确安装、连接并处于正常工作状态。根据相关的电气标准或要求，设定电压暂降的参数，包括暂降持续时间、电压降低幅度、恢复时间等。通过电源控制设备或测试仪器，人为降低电源电压到设定的暂降幅度，维持一段时间后恢复电源电压。在测试过程中，定期监测测试设备的状态和性能，注意是否出现异常、故障或性能下降等情况。对于电压暂降，电源电压的变化发生在电压过零

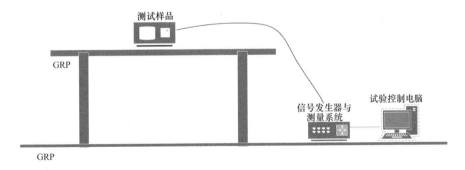

图 6-6　试验连接示意图

处，每相优先选择 45°、90°、135°、180°、225°、270° 和 315°。

判别方法：检测前检查设备功能，检测过程中和检测后观察设备功能是否正常，按照表 6-2 确定设备电压暂降抗扰度等级。

7. 脉冲群抗扰度

试验方法：试验连接示意图如图 6-7 所示。验证测试设备或系统已正确安装、连接并处于正常工作状态。根据相关的电气标准或要求，设定脉冲群的参数，包括脉冲幅度、间隔时间、脉宽、脉冲数等。连接信号发生器，产生符合测试要求的脉冲群信号，将脉冲群信号注入测试设备或系统的输入端口。

在测试中定期监测测试设备的状态和性能，注意是否出现异常、故障或性能下降等情况，试验的持续时间不少于 1min。

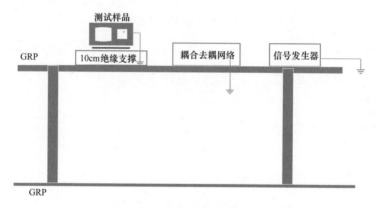

图 6-7　试验连接示意图

判别方法：检测前检查设备功能，检测中和检测后观察设备功能是否正常，按照表 6-2 确定设备脉冲群抗扰度等级。

8. 浪涌抗扰度

试验方法：试验连接示意图如图 6-8 所示。根据设备的实际使用和安装条件确定测试配置，根据使用情况确定测试等级，根据测试要求确定触发方式（内触发还是外触发）。

确定在设备上的测试部位，如电源线、I/O 端等；进行浪涌测试，在每个选定的部位上，正、负极性的干扰至少要各加 5 次，每次浪涌的最大重复率为 1 次 /min，向交流电源端口施加浪涌在相角 0°、90°、270° 上同步加入，正极性浪涌在 90° 相位、负极性浪涌在 270° 相位加入，测试电压逐步增加到产品标准中规定的电平值，浪涌要加在线线和线地之间。

如果无特殊规定，逐次加在每一根线与地之间，有时组合波形发生器要同时测试两根或多根线对地情形。

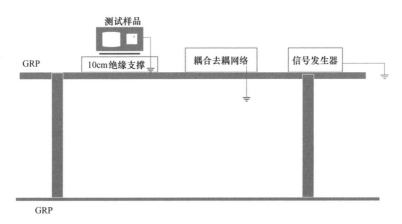

图 6-8 试验连接示意图

判别方法：检测前检查设备功能，检测中和检测后观察设备功能是否正常，按照表 6-2 确定设备浪涌抗扰度等级。

9. 射频场感应的传导骚扰抗扰度

试验方法：试验连接示意图如图 6-9 所示。测设备应在预期的运行和气候条件下进行测试，依次将试验信号发生器连接到每个耦合装置上。在测试信号发生器的输出端可能会需要一个低通滤波器和／或高通滤波器（如 100kHz 截止频率），以防止（高次或亚）谐波对被测设备的干扰。低通滤波器的带阻特性应该对谐波有足够的抑制，使其不影响测试结果。频率范围为 150kHz~80MHz，骚扰信号是 1kHz 正弦波调幅信号，调制度 80％ 的射频信号。频率递增扫频时，步进尺寸不应超过先前频率值的 1%。在每个频率，幅度调制载波的驻留时间应不少于 0.5s。

判别方法：检测前检查设备功能，检测中和检测后观察设备功能是否正常，按照表 6-2 确定设备射频场感应的传导骚扰抗扰度等级。

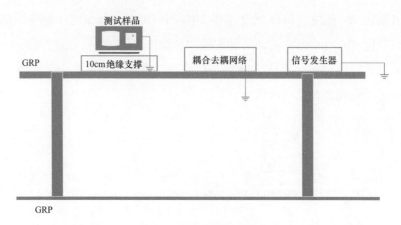

图 6-9　试验连接示意图

6.2.5　取能性能

1.电流（磁场）取能性能

电流取能性能包括电流取能启动电流阈值、电流取能饱和磁通密度（饱和磁感应强度）、电流取能最小工作间隔、电流取能模块输出功率。

（1）电流取能启动电流阈值。电流取能启动电流阈值检测仪器包括电流发生器，测试场景示意图如图 6-10 所示。

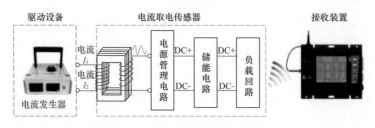

图 6-10　启动电流阈值测试场景搭建

试验方法：准备电流取能传感器并安装磁芯，按照应用场景的需求确定闭合式磁芯半径。使通流导体从磁芯中间穿过，调试传感器与接收装置配套成功，正常上传数据。调节电流发生器使输出电流为较小值，2 个周期内未接收到数据，则提升电流发生器电流，直至接收装置接收到数据，将此时电流发生器输出电流记为 A。

判别方法：观察 10 个周期内数据上送情况。若连续 10 次数据报送正常，则认为 A 为传感器启动电流；若 1 组数据上报送不正常，则升高电流发生器输出电流并观察数据上送情况。

（2）电流取能饱和磁通密度（饱和磁感应强度）。电流取能饱和磁通密度（饱和磁感应强度）检测仪器包括电流发生器、示波器，测试场景示意图如图 6-11 所示。

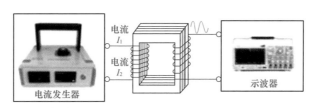

图 6-11　磁芯饱和电流测试场景搭建

试验方法：准备电流取能模块并安装磁芯，按照应用场景的需求确定闭合式磁芯半径。将示波器接入线圈输出两端，以记录电压输出波形。调节电流发生器输出电流使磁芯进入深度饱和，记录深度饱和波形峰值 U_{smax}。

判别方法：调节电流发生器输出电流，使示波器中点电压波形峰值显著减小。逐渐增大电流发生器输出电流，查看示波器测量波形，直至电压峰值恰好稳定在 U_{smax} 附近。记录电流发生器此时的输出电流为磁芯饱和电流，磁芯饱和电流应小于规定值。

（3）电流取能最小工作间隔。电流取能最小工作间隔检测仪器包括电流发生器、示波器，测试场景示意图如图 6-12 所示。

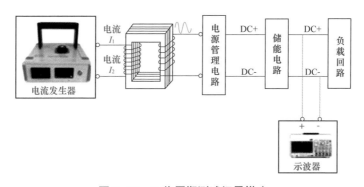

图 6-12　工作周期测试场景搭建

试验方法：准备电流取能传感器并安装磁芯，按照应用场景的需求确定闭合式磁芯半径。将示波器接入电流取能传感器的储能电容两端，调节电流发生器输出电流。从传感器上一次数据发送完毕起，观察示波器上的电压波形，记录储能电容充到电压稳定的时间。连续测试5次，取其最大值为传感器最小工作间隔。

判别方法：最小工作间隔与规定值进行比对，应小于规定值。

（4）电流取能模块输出功率。电流取能模块输出功率检测仪器包括功耗测试仪，测试场景示意图如图6-13所示。

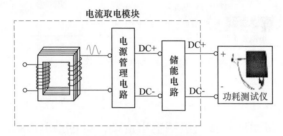

图6-13　测试场景搭建

试验方法：准备电流取能模块（包括线圈、磁芯、能量管理电路、储能电路），将万用表和负载电阻并入储能电容两端。调节电流发生器输出电流，待万用表测量电流输出趋于恒定后记录储能电容两端的电流值。通过公式计算输出功率 $W=I^2R$，此功率值为当前一次电流下的最大输出功率。

判别方法：最大输出功率与规定值进行比对，应大于规定值。

2. 电压取能试验方法

电压取能性能包括电压取能启动电压阈值、电压取能传感器最小工作间隔、电压取能模块输出功率。

（1）电压取能启动电压阈值。测试仪器包括电压发生器，测试场景示意图如图6-14所示。

试验方法：将电场取能传感器安装于等效电场源，电场取能传感器与接收装置配对成功，数据接收正常。缓慢提升等效电场源输出电压，观察传感器的数据报送是否正常。取支持传感器启动的最小电压为该传感器启动电压阈值。

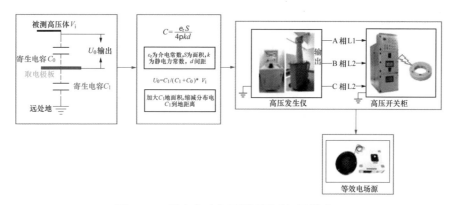

图 6-14　最小启动电压测试测试场景搭建

判别方法：启动电压阈值与规定值进行比对，应小于规定值。

（2）电压取能传感器最小工作间隔。测试仪器包括电压发生器、示波器，测试场景示意图如图 6-15 所示。

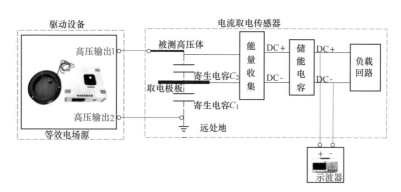

图 6-15　工作周期测试场景搭建

试验方法：准备功能完整的电压取能传感器，将示波器并入电压取能传感器的储能电容两端。调节电压发生器输出启动电压，观察示波器上的电压波形，记录从上一次数据发送完毕到储能电容充满的时间。连续测试 5 次，取其最大值为传感器最小工作间隔。

判断方法：传感器最小工作间隔应小于规定值。

（3）电压取能模块输出功率。测试仪器包括功耗测试仪，测试场景示意图如图 6-16 所示。

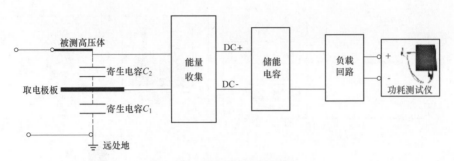

图 6-16　带载能力测试场景

试验方法：准备电压取能模块（包括极板、能量管理电路、储能电路），将万用表和负载电阻并入储能电容两端。调节电压发生器输出电压，待万用表测量电流输出趋于恒定后记录储能电流两端电流值。通过公式计算输出功率 $W=I^2R$，此功率值为当前一次电压下的最大输出功率。

判别方法：试验值与规定值进行比对，应大于规定值。

3. 振动取能

振动取能性能包括振动取能启动加速度、振动取能有效取能频率区间、振动取能最小工作间隔、振动取能模块输出功率。

（1）振动取能启动加速度阈值。测试仪器包括振动台，测试场景示意图如图 6-17 所示。

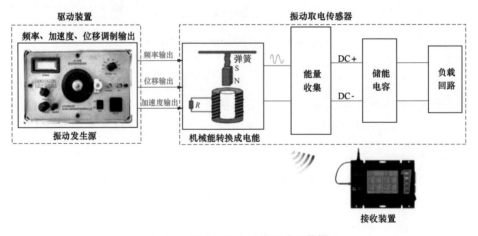

图 6-17　启动加速度阈值测试场景搭建

试验方法：将振动取能传感器安装于振动发生源上，振动取能传感器与接收配对成功，数据接收正常。调节振动发生源输出频率至额定工作频率，缓慢增大振动发生源输出加速度，观察传感器是否数据报送正常。取支持传感器启动的最小加速度为该传感器启动加速度阈值。

判别方法：试验值与规定值进行比对，应小于规定值。

（2）振动取能有效取能频率区间。测试仪器包括振动台、示波器，测试场景示意图如图 6-18 所示。

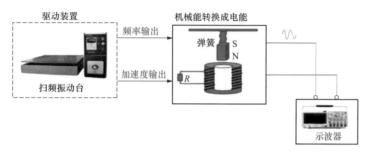

图 6-18 有效取能频率区间测试场景搭建

试验方法：将振动取能模块紧固于振动台上，将示波器接入振动取能模块两端。启动振动台处于扫频模式，从示波器中得到振动取能模块在不同振动频率下的输出电流。取满足输出电流为峰值电流 0.5 倍的振动频率为该取能模块的有效频率区间。

判别方法：有效频率区间与规定区间进行比对，应涵盖规定区间。

（3）振动取能最小工作间隔。测试仪器包括振动台、示波器，测试场景示意图如图 6-19 所示。

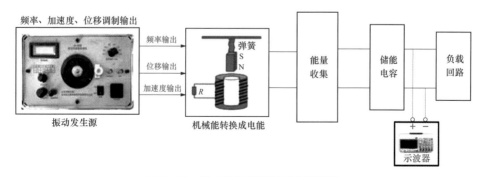

图 6-19 最小工作间隔测试场景搭建

试验方法：准备功能完整的振动取能传感器，示波器接入振动取能传感器的储能电容两端。调节振动发生源，观察示波器上电压波形，记录从上一次数据发送完毕到储能电容充满的时间。连续测试 5 次，取其最大值为传感器最小工作间隔。

判别方法：试验值与规定值进行比对，应小于规定值。

（4）振动取能模块输出功率。测试仪器包括功耗测试仪，场景示意图如图 6-20 所示。

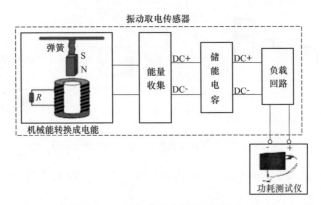

图 6-20 带载能力测试场景搭建

试验方法：准备电压取能模块（包括取能机构、能量管理电路、储能电路），将万用表和负载电阻并入储能电容两端。

调节振动发生源输出不同加速度，待万用表测量电流输出趋于恒定后记录电流值。通过公式计算输出功率 $W=I^2R$，此功率值为当前加速度下的最大输出功率。

判别方法：试验值与规定值进行比对，应大于规定值。

4. 温差取能试验方法

温差取能传感器测试项包括温差取能启动温差阈值、温差取能模块输出功率，方法与判别方法如下：

（1）温差取能启动温差阈值检测。测试仪器包括恒温台，测试场景示意图如图 6-21 所示。

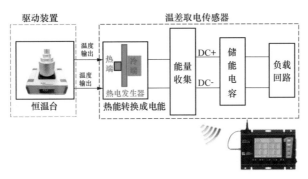

图 6-21　启动温差阈值测试场景搭建

试验方法：温差取能传感器紧固于恒温台上，从环境温度起缓慢提升温度，记录环境温度与恒温台的温差。调节恒温台输出，等待 2 个周期，传感器如未接收到数据，则继续提高温度，直至传感器数据稳定周期上传。测量此时环境温度与恒温台温度之差，该温差为最小启动温差阈值。

判别方法：试验值与规定值进行比对，应小于规定值。

（2）温差取能模块输出功率。测试仪器包括功率测试仪，测试场景示意图如图 6-22 所示。

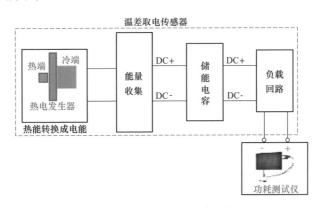

图 6-22　带载能力测试场景

试验方法：准备温差取能模块（包括热点转换元件、能量管理电路、储能电路），将万用表和负载电阻并入储能电容两端。调节恒温台温度，待万用表测量电流输出趋于恒定后记录电流值。通过公式计算输出功率 $W=I^2R$，此功率值为当前温差下的最大输出功率。

判别方法：试验值与规定值进行比对，应大于规定值。

6.2.6　功耗性能

功耗性测试包括包含休眠功率、工作功耗和等效续航时间。

1. 休眠功率

试验方法：将传感器调整至休眠状态，使用功耗测试仪测量至少 1 个完整的休眠周期，读取周期内平均功率即为休眠功率。

判别方法：试验值与规定值进行比对，应小于规定值。

2. 工作功耗

试验方法：使用功耗测试仪对传感器进行连续测试，捕捉至少 10 个工作状态的功耗波形，读取每个波形总功耗，并取平均值。

判别方法：试验值与规定值进行比对，应小于规定值。

3. 等效续航时间

试验方法：使用功耗仪测试仪对传感器功耗进行测试，连续测量 10 个工作周期（每个周期耗时 t 分钟），平均每个工作周期的功耗记为 C_0。取满电的电池，以传感器最大工作电流为电池放电电流，传感器最低工作电压为截止电压，对电池进行放电，得到电池的可用容量 Ca。最后按照下式计算传感器设计续航时间：

$$T = \frac{C_a t}{60 \times 24 \times 365 k_1 C_0} \tag{6-1}$$

式中：k_1 为老化及自放电系数，用于模拟因通信模组老化和电池自放电对电池容量的额外消耗。通信模组老化后，可能会造成重传次数增加、元件功耗增加；电池运行过程中也会自放电，一般取值 1.4。

判别方法：计算出的续航时间不低于电池制造商标称的续航时间。

6.2.7　电池性能

电池性测试包括额定容量、过充电保护、过放电保护等 7 项测试，试验方法及判别方法如下。

1. 额定容量

试验方法：对电池进行标准充电，即在室温条件下，以 I_{10} 电流对电池进行恒流充电，直至电池说明书中充电截止条件，静置30min。对电池进行标准放电，即在室温条件下，以I_{10}电流对电池进行恒流放电，直至传感器停止工作的最低电压，静置30min。重复3次，以最大放电电量为电池容量。

判别方法：试验值与规定值进行比对，应大于规定值。

2. 荷电保护及能量恢复能力

试验方法：对蓄电池电源系统进行标准充放电，计算容量为E。蓄电池电源系统在室温下开路静置28d。对蓄电池电源系统进行标准放电，计算放电能量E_1。蓄电池电源系统充满电后对蓄电池电源系统进行标准放电，计算放电能量E_2。以$E_1/E \times 100\%$公式计算荷电保持能力，以$E_1/E \times 100\%$公式计算能量恢复能力。

判别方法：荷电保持能力 $\geqslant 85\%$，能量恢复能力 $\geqslant 90\%$。

3. 高温能量保持率

试验方法：对电池进行标准充电，将电池置于环境模拟箱中模拟高温环境，保持5h；对电池进行放电，计算放电能量。放电能量与额定容量之比即为高温能量保持率。

判别方法：试验值与规定值进行比对，应大于规定值。

4. 低温能量保持率

试验方法：对电池进行标准充电，将电池置于环境模拟箱中模拟低温环境，保持72h；对电池进行放电，计算放电能量。放电能量与额定容量之比即为高温能量保持率。

判别方法：试验值与规定值进行比对，应大于规定值。

5. 过充电保护

试验方法：以I_{10}电流继续对蓄电池电源系统充电，至电压达到制造商技术条件中规定的保护电压，蓄电池电源系统应停止充电；或充电时间达到12h后停止充电，观察1h。对蓄电池电源系统进行标准充放电，计算放电能量值为E_7。

判别方法：

（1）蓄电池电源系统电压达到保护电压时，应自动停止充电。

（2）试验期间，蓄电池电源系统应不冒烟、不爆炸、不起火、不漏液。

（3）放电能量 E_7 应不低于蓄电池电源系统的制造商标称能量。

6. 过放电保护

试验方法：蓄电池电源系统充满电后进行标准放电。以 I_{10} 电流继续对蓄电池电源系统充电，至电压达到制造商技术条件中规定的保护电压，蓄电池电源系统应停止充电；或充电时间达到 12h 后停止充电，观察 1h。对蓄电池电源系统进行标准充放电，计算放电能量值为 E_8，观察 1h。

判别方法：

（1）蓄电池电源系统电压达到保护电压时，应自动停止充电。

（2）试验期间，蓄电池电源系统应不冒烟、不爆炸、不起火、不漏液。

（3）放电能量 E_8 应不低于蓄电池电源系统的制造商标称能量。

7. 过电流保护

试验方法：对蓄电池电源系统进行标准充电；对蓄电池电源系统进行放电，放电电流从 100mA 开始，按 100mA/min 速率增加。

判别方法：在放电电流大于 5A 之后（不含 5A），蓄电池电源系统应自动停止放电。

6.3 输变电物联网多场耦合传感器可靠性评估方法

输变电物联网多场耦合传感器可靠性评估方法包含基于虚拟鉴定和测试数据两种方法。基于虚拟鉴定的方法可以在传感器设计阶段分析传感器的故障机制和可靠性影响因素，发现潜在的故障和问题，为传感器性能提升和故障问题的解决提供支持；基于测试数据的方法可以更准确地反映传感器的性能特征和失效机制，通过试验测试来验证故障分析和解决方案的可行性及有效性，提高传感器的可靠性。

6.3.1 基于虚拟鉴定的多场耦合作用下传感器可靠性评估方法

虚拟鉴定是一种基于模拟软件的风险评估方法，通过模拟失效行为来确定被试验产品是否能够在其预期寿命周期内承受各种环境和工作载荷。该方法综合考虑了内在因素（如材料组分、尺寸、工艺条件）和外部因素（如环境载荷、工作载荷），并基于传感器基础数据项建立传感器失效模型，利用可靠度函数完成对传感器可靠性的评估。虚拟鉴定方法的优势在于其快速、准确的评估能力。通过模拟软件，可以进行快速的迭代和分析，减少实际试验的成本和时间。此外，虚拟鉴定方法特别适用于物联网传感器等关键领域的产品设计和开发，因为它能够全面考虑内外因素对产品可靠性的影响，并提供早期的可靠性评估和优化建议。

6.3.1.1　传感器基础数据项及失效模型

传感器基础数据项包括电源单元、传感器本体和通信单元等各类元器件的名称、型号、规格和工作应力等参数以及根据《电子设备可靠性预计模型及数据手册》查阅得到的各类元器件的质量因子、电应力因子、温度因子和早期寿命因子，如表 6-3 所示。利用基础数据项可以帮助评估传感器的可靠性和适应性。这些数据项提供了关于传感器元器件的详细信息，有助于选择合适的元器件，进行系统设计和优化，以确保传感器在输变电设备物联网应用中的稳定运行和长期可靠。

表 6-3　　　　　　　　　　　**传感器部分基础数据项**

元件	金属氧化物薄层电阻	薄层电阻（＞1W）	纸／塑料电容	玻璃电容	电滤波器电感
通用稳态失效率（λ_G）	0.3	0.08	0.76	0.55	0.24
通用标准偏差（σ_G）	0.22	0.02	0.24	0.33	0.07
品质因子（π_Q）	1	0.8	0.8	0.8	0.8
电应力因子（π_S）	0.9	0.8	0.3	0.7	0.6
温度因子（π_T）	0.9	0.8	0.9	0.6	0.8
稳态失效率（λ_{BB}）	0.243	0.04096	0.16416	0.1848	0.09216
标准偏差（σ_{BB}）	0.1782	0.01024	0.05184	0.11088	0.02688

6.3.1.2　传感器失效模型

传感器失效模型是指通过数学建模和统计分析的方法，将传感器内部元器件的性能参数、工作环境因素与元器件失效之间的关系进行建模，从而预测传感器失效概率。通过预测失效概率，可以降低设备故障风险、提高设备的可靠性和可用性，并最大程度地延长传感器内部元器件的使用寿命，从而保障输变电设备物联网系统的安全运行。

收集统计包括输变电设备物联网传感器电源单元、传感器本体和通信单元等各类元器件的名称、型号、规格和工作应力等参数以及各类元器件的质量因子、电应力因子、温度因子和早期寿命因子等基础数据项建立的传感器失效模型，如式（6-2）所示：

$$\lambda_{BB} = \lambda_G \pi_Q \pi_S \pi_T \pi_E \qquad \sigma_{BB} = \sigma_G \pi_Q \pi_S \pi_T \pi_E \qquad （6-2）$$

式中：λ_{BB} 为元器件稳态失效率；σ_{BB} 为元器件稳态失效率标准差；λ_G 为元器件通用稳态失效率；σ_G 为通用标准偏差；π_Q 为元器件的元器件质量因子；π_S 为元器件的电应力因子；π_T 为元器件的温度因子；π_E 为元器件的早期寿命因子。

对于电阻、电容等元器件，其稳态失效率与材质和和阻容值相关；芯片稳态失效率与晶体管个数、容量大小和逻辑门数相关。

6.3.1.3 基于虚拟鉴定的传感器可靠性评估流程

基于虚拟鉴定的多场耦合作用下传感器可靠性评估过程通常包括以下步骤：

（1）收集物联网传感器中每个元器件的基础数据项，包括电源单元、传感器本体和通信单元等各类元器件的名称、型号、规格和工作应力等参数以及各类元器件的质量因子、电应力因子、温度因子和早期寿命因子。

（2）将收集的元器件基础数据项代入传感器的失效模型中，计算得到每个元器件的失效率。

（3）将计算得到的传感器元器件失效率代入用于评估传感器可靠性的可靠度函数中，从而分析计算传感器整体的可靠性与可靠寿命。可靠度函数为：

$$R(t) = e^{-(\lambda_1 + \lambda_2 + \cdots + \lambda_N)t} = e^{-\sum\limits_{i=1}^{N} \lambda_i t} = e^{-\lambda t} \qquad （6-3）$$

式中：λ_i 为传感器第 i 种单元中的元器件的失效率；t 表示修复前平均时间（Mean Time To Failure，MTTF），是指所有元器件预计的可运作平均时间，即寿命均值。

基于虚拟鉴定的传感器可靠性评估方法对传感器进行可靠性评估，得出传感器在特定条件下的性能和寿命预测结果。这些评估结果可以提供关于传感器的故障概率、失效模式、寿命分布等信息，帮助评估传感器的可靠性水平，其具体流程如图 6-23 所示。

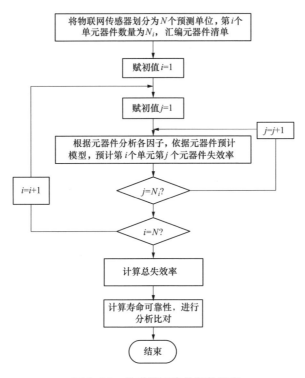

图 6-23 传感器可靠性评估流程

6.3.2 基于测试数据的多场耦合作用下传感器可靠性评估方法

基于测试数据的多场耦合作用下传感器可靠性评估方法是一种从可靠性检测的角度出发，通过对物联网传感器进行加速退化试验和统计分析，评估其可靠性和寿命特征的方法。该方法可以提高风险评估的实用性和可信度，对物联网传感器的可靠性进行评估和管理。该方法考虑了物联网传感器在实际工作环境中受到的多种场景和应力的耦合作用，如温度、湿度、振动等。通过在加速退化试验中模拟和施加这些场景和应力，可以更准确地评估传感器的可靠性特征；同时利用与物理失效规律相关的统计模型，将在加速环境下得到的可靠性信息进行转换，以估计产品在额定应力水平下的可靠性特征。这样可以在短时间内获得可靠性特征的数值估计，提高评估的效率。

6.3.2.1 加速退化试验

加速退化试验是一种通过提高环境因素或加载条件，以加速传感器老化和故障过程的试验方法，通过在短时间内施加超过正常工作条件的应力和环境，加速传感器退化过程，以便更快地评估其可靠性和寿命特征。该方法基于假设，即在加速环境下传感器性能的退化速度与在正常工作环境下的退化速度存在一定的关联性。

在加速退化试验中，通过模拟传感器在正常使用条件下可能遇到的应力因素，如温度、湿度、电压等，以及其他可能导致退化的因素，如机械振动、化学腐蚀等，将这些应力因素施加到传感器上。通过对加速环境下的退化数据进行监测、记录和分析，可以推断出在正常工作条件下的退化特征和寿命。

6.3.2.2 加速模型

在加速退化试验中，加速模型是一种用于描述传感器在加速环境下的退化行为和速率的数学模型。它基于物理失效规律和统计分析，将加速环境下得到的退化数据转化为对正常工作条件下的退化特征和寿命的估计。同时，在加速退化试验中，不同的应力因素可能对传感器的退化行为产生不同的影响。因此，针对不同的应力因素，可以选择不同的加速模型来描述其加速退化行为。以下是几种常见的应力因素及其对应的加速模型。

（1）温度应力。温度是一种常见的应力因素，对许多系统的退化行为具有显著影响。常用的加速模型包括：

Arrhenius 模型：基于化学反应速率理论，假设温度和退化速率之间满足指数关系。

Eyring 模型：类似于 Arrhenius 模型，但考虑了激活能的变化。

（2）电应力。对于电子设备和电力系统等，电应力可能会导致退化行为。常见的加速模型包括：

Coffin-Manson 模型：描述应力和寿命之间的线性关系，适用于金属疲劳和应力诱导失效。

Power Law 模型：将电应力与失效概率之间的关系建模为幂律关系。

（3）湿度应力。湿度是某些系统退化的重要因素，特别是对于电子设备和材料。常见的加速模型包括：

Peck 模型：基于化学反应动力学，将湿度应力与材料的退化速率建立关联。

Eyring 模型：同样适用于湿度应力，结合了激活能的变化。

（4）振动应力。振动是机械系统和结构在运行过程中常见的应力因素。常见的加速模型包括：

Miner 线性累积损伤模型：基于振动应力的累积效应，将振动应力与系统的损伤积累建立关系。

6.3.2.3　退化轨迹模型

在传感器加速退化试验中，退化轨迹模型是一种用于描述传感器在加速环境下退化过程的数学模型。它基于对传感器退化行为的分析和试验观测数据，可以预测传感器在不同条件下的退化轨迹，并提供对传感器寿命和性能退化的估计。退化轨迹模型可以帮助预测传感器在加速环境下的退化过程。通过建立模型，可以根据已知的应力因素和初始状态，预测传感器退化指标随时间的变化，从而了解系统在不同条件下的寿命和性能退化情况。

退化路径有线性、凸性和凹形三种退化轨迹，如图 6-24 所示。可以通过图形观察的方式确定退化轨迹模型的类型。

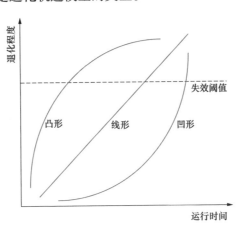

图 6-24　退化速率的三种类型

基于退化轨迹的建模方法包括拟合退化数据、确定产品的失效阈值、建立伪寿命分布模型、估计相关参数。

退化轨迹拟合是基于产品性能随着时间或使用次数等因素变化逐渐降低

的过程，将这些退化数据与产品寿命进行拟合，以预测产品在未来的某个时间或使用次数下可能出现的故障或失效。确定产品的失效阈值是建立退化轨迹模型的关键因素之一，失效阈值是指产品在某一特定性能水平下被认为失效的数值指标。通常可以通过测试或对历史数据的分析来确定产品的失效阈值。

伪寿命是指通过加速退化试验估计系统在正常工作条件下的寿命特征的一种近似值。伪寿命分布模型是建立基于退化轨迹的产品寿命模型的关键，通过对退化轨迹进行分析，可以利用统计回归模型建立产品伪寿命分布模型，以预测产品在未来的某个时间或使用次数下的失效概率分布。伪寿命估计是指将产品的实际寿命转化为基于退化数据的伪寿命值，通常是通过将产品的退化数据与退化模型进行拟合来实现的。

在获取产品性能退化数据后，使用统计回归模型确定退化轨迹，从而对产品可靠性的进行评估，表6-4列出了常用的退化轨迹模型。

表 6-4　　　　　　　　　　　常用退化轨迹模型

退化模型	退化表达式
线性模型	$y = at + b$
自然对数模型	$y = a\ln t + b$
指数模型	$y = be^{at}$
幂模型	$y = at^{b}$

表中，y 表示产品的退化量，a、b 为未知参数，t 表示退化时间。

在对多个样品在同一应力水平下的退化数据进行拟合时，通常会假设它们都遵循相同的退化模型，并且在相同的应力水平下，所有样品的退化轨迹应该类似或相同。这是因为这些样品在相同的环境条件下进行测试，因此应该遵循相同的物理规律。

在确定适当的退化模型后，可以使用最小二乘法（LSE）来对其进行参数估计。最小二乘法是一种常用的回归分析方法，可以帮助我们找到一条最优的曲线来拟合数据，以使拟合曲线和实际数据的误差平方和最小化。在进行参数估计时，需要确定模型中的各个参数，通常需要依赖于样品的试验数据来进行计算。参数的估计首先需要定义一个目标函数，即将实际数据和拟合曲线之间的误差平方和最小化的函数；然后使用数值优化算法来最小化这个目标函数，以得到最优的参数估计结果。

根据给定的失效阈值和退化轨迹模型，可以计算出在加速应力条件下产品样本失效的时间节点，该节点被称为伪失效寿命。伪失效寿命通常符合一定的分布，常见的伪失效寿命分布包括正态分布、对数正态分布、威布尔分布和指数分布。

6.3.2.4 基于测试数据的传感器可靠性评估流程

基于测试数据的多场耦合作用下传感器可靠性评估过程通常包括以下步骤：

（1）数据收集。收集传感器在加速退化试验中的退化数据，这些数据通常包括传感器的退化指标（如输出信号的变化）和相应的试验时间。

（2）退化轨迹模型确定。通过分析退化测试数据，确定当前传感器的退化轨迹模型。这可以通过拟合曲线或其他数学模型来实现，以描述传感器退化指标随时间的变化。退化轨迹模型可以是线性、指数型、幂函数或其他形式，根据具体情况选择适当的模型。

（3）伪失效寿命计算。结合失效阈值，利用确定的退化轨迹模型，计算当前传感器的伪失效寿命。伪失效寿命是根据加速试验数据估计得出的，用于近似预测传感器在实际工作条件下的失效寿命。

（4）统计模型建立。利用统计模型可以建立传感器的可靠性模型，常见的统计模型包括指数分布、正态分布以及 Weibull 分布等，统计模型的选择是由伪失效寿命服从的分布决定的。随后对建立的统计模型进行参数估计。通常使用最大似然估计或贝叶斯方法来估计模型的参数，以获得对传感器可靠性的量化描述。

（5）退化模型验证。验证退化机理的一致性和估计模型的参数，可以通过与实际观测数据的比较、模型拟合度的评估和统计检验等方法来实现。

（6）正常应力下的退化模型。根据对传感器进行加速退化试验时施加的应力选择合适的加速模型，结合上述统计模型估计的参数对加速模型进行拟合，得出传感器在正常工作应力下的退化模型。此模型可以用于预测传感器在实际工作条件下的退化行为和寿命。

（7）可靠性评估。将传感器正常工作应力代入正常工作应力下的退化模型，得到正常应力下的模型参数，并将参数代入到统计模型相应的可靠度函数中。利用可靠度函数对建立的退化模型进行可靠性评估，可以预测传感器的失效概率及可靠运行时间。

6.3.2.5 实例分析

磁通门电流传感器是一种基于磁通门效应的非线性特性电流传感器，其体积小巧、响应灵敏、精度较高，在电力和电子等领域广泛应用。

在磁通门电流传感器的实际应用中，温度是影响其性能的主要因素。如果磁通门电流传感器长期在过高或过低的温度条件下工作，会对其性能产生负面影响，例如会导致磁芯饱和、绕组烧毁等故障。由于磁通门电流传感器经常在不同的温度条件下运行，同时导线通流也会产生一定的发热。在这两个因素的共同作用下，会导致磁通门电流传感器的铁芯和绕组达到某一温度值。该温度值是由传感器的材料、结构和工作条件等因素共同决定的。环境温度的变化会导致传感器材料的物理特性发生变化，如膨胀和收缩，这可能会影响传感器的精度。因此，在温度应力下对磁通门电流传感器进行加速退化试验。选择其二次电流作为性能退化指标，以二次电流的波动超过 0.2% 作为失效阈值，图 6-25 为磁通门电流传感器在 60℃温度应力下的二次电流退化轨迹。

根据退化轨迹可以看出二次电流退化量下降的趋势呈线性，因此选用线性退化轨迹模型对传感器的二次电流进行拟合，并利用最小二乘法对数据进行分析拟合，将参数拟合结果代入退化模型中，即可得到传感器在温度应力下的退化轨迹模型。

结合传感器失效阈值及退化轨迹模型得到传感器在温度应力下的伪寿命，对伪寿命进行正态分布假设检验，确定其服从正态分布，利用极大似然估计法对正态分布中的参数进行估计。由于加速应力为温度应力，因此选择 Arrhenius 模型作为传感器的加速模型，并将正态分布参数估计结果代入到加速模型中，得出传感器在正常温度应力下的退化模型。利用可靠度函数对建

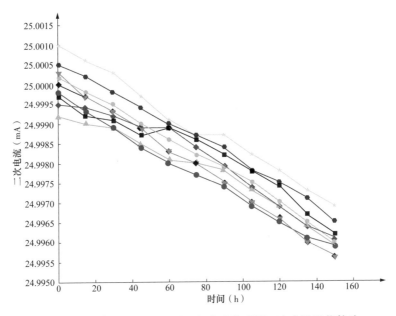

图 6-25　60℃温度应力下磁通门电流传感器二次电流退化轨迹

立的退化模型进行可靠性评估，得到磁通门电流传感器在不同温度应力下的可靠度曲线，如图 6-26 所示。

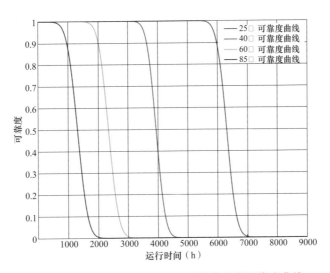

图 6-26　温度应力下磁通门电流传感器可靠度曲线

由图 6-26 的结果可知，磁通门电流传感器的可靠度随着温度的升高呈现倍数下降。这意味着，温度越高二次电流的退化速率越快，从而导致传感器失效时间更早。当可靠度为下降为 0.1 时，额定温度应力（25℃）下磁通门电流传感器可靠运行时间为 6792h，测试结果与传感器厂家提供的失效统计数据相一致。

第七章

输变电设备物联网安装、验收及运维

随着输变电设备物联网体系建设的不断推进，在近些年的工程实践中已积累了大量的物联网设备安装、验收及运维经验。输变电设备物联网研究成果已应用至江苏、浙江等19个省份，部署在800余座变电站、300余条输电线路，其中包括10余个特高压工程，涉及50余类10万余个传感器。这些工程应用实现了设备隐患缺陷的及时、准确发现，提升了电网生产效率和安全运行水平，保障了供电可靠性。

7.1 输变电设备物联网安装及验收

7.1.1 安装准备

7.1.1.1 节点设备安装前准备

（1）现场勘察。安装前应组织现场勘察，对现场杆塔及线路或变电站内的设施分布进行收集和确认，确定节点设备的安装方式、安装位置、天线朝向等信息，确保节点设备在安装位置能够稳定接收传感器的全部数据。变电节点设备信号应能覆盖变电站内主辅设备区域，输电节点设备信号应能覆盖所接入的最远传感器。

（2）无线环境测试。根据工程需求，必要时需对安装现场进行无线环境测试。测试项目包括：背景噪声测试、拟布设接入节点设备覆盖范围测试、拟布设汇聚节点设备覆盖范围测试、重点区域及盲区覆盖测试、综合拟布设节点设备分布及其无线覆盖范围评估。

（3）安装方案。安装方案应包括：节点设备的安装步骤、安装方式、安装位置及朝向、安全注意事项等，可与传感器安装方案合并编制。安装方案须经施工单位或设备运维管理单位审核、批准后方可执行。

（4）安装前检查。安装前应对安装设备进行开箱检查，检查节点设备及其附件的规格、型号、数量是否与供货清单一致。开工前应检查作业环境的安全情况以及施工工具、防护用品完备情况。检查结束后填写现场核对单，样例见表 7-1。

表 7-1　　　　　　　　　节点设备现场核对单

工程名称		验收日期	
设备到货情况			
设备类别		设备数量	
序号	检查项	检查标准	检查结果
1	外观检查	无明显缺陷	
2	设备及主要组件合格证	提供合格证	
3	使用及安装说明	提供使用及安装说明	
4	出厂检测报告	提供出厂检测报告	
5	供货清单	现场设备与供货清单核对无误	
备注			
现场检查结论			
参加核对人员签字			

注　1. "检查结果"一栏中，当满足检查要求时，在对应表格内标记"○"，反之标记"×"，并在备注栏予以必要说明。
　　2. "现场检查结论"一栏中，主要汇总设备外观检查、资料检查等结果，根据工作情况给出检查结论。

7.1.1.2　传感器安装前准备

（1）现场勘察。安装前应组织现场勘察，对现场杆塔塔型、变电站内设施分布以及节点设备安装位置等条件进行收集和确认，检查输电线路杆塔或变电站内设施是否具备传感器安装条件，确定安全措施和停电范围。对于无线传感器应综合考虑与所属节点设备之间的信号强度，确保传感器与节点设备通信可靠。

（2）安装方案。传感器的安装方案应包括安装方式、安装位置、安装步骤、电气接线布置及线缆固定要求、安全注意事项等内容，可与节点设备安装方案合并编制。安装方案须经施工单位或设备运维管理单位审核、批准后方可执行。

（3）安装前检查。安装前应进行开箱检查，检查传感器及其附件的规格、型号、数量是否与到货验收记录一致。开工前应检查作业环境的安全情况以及施工工具、防护用品完备情况。检查结束后填写现场核对单，样例见表7-2。

表7-2　　　　　　　　　　传感器现场核对单

工程名称		验收日期	
传感器到货情况			
传感器类别		传感器型号	
传感器数量		供应厂家	
序号	检查项	检查标准	检查结果
1	外观检查	无明显缺陷	
2	传感器及主要组件合格证	提供合格证	
3	使用及安装说明	提供使用及安装说明	
4	出厂检测报告	提供出厂检测报告	
5	供货清单	现场设备与供货清单核对无误	
备注			
现场检查结论			
参加核对人员签字			

注　1. "检查结果"一栏中，当满足验收要求时，在对应表格内标记"○"，反之标记"×"，并在备注栏予以必要说明。
　　2. "现场检查结论"一栏中，主要汇总传感需装箱资料检查、传感器外观检查、装箱情况检查，并对工作情况给出楼查结论。

7.1.2 安装要求

7.1.2.1 输电节点设备安装要求

（1）节点设备应采用专用固定件安装固定，避免对杆塔或电缆结构造成破坏。

（2）安装时可适当调整节点设备及天线的位置和方向，尽可能提高接收信号强度。

（3）节点设备应可靠接地，杆塔上节点设备的外壳应与杆塔等电位。

（4）杆塔上节点设备所有线缆须沿杆塔结构布置，用专用线夹固定，固定间隔不宜大于0.5m；禁止采用铝包铁丝、塑料扎带固定，避免线缆松动影响线路安全。

（5）节点设备的电源和信号插口应采用防水航空插头和防误插设计。

（6）电缆沟道内的汇聚节点设备，其安装位置应避开易积水部位。

7.1.2.2 变电节点设备安装要求

（1）变电汇聚节点安装要求如下：

1）室内汇聚节点宜安装在墙壁上，离地高度大于2m。

2）室外汇聚节点宜安装在空旷地带，四周无遮挡物，应有防雨、防雷措施，并方便电源供电。

3）应避开强电磁干扰、高温高湿、不通风的地点。

4）全向天线应垂直于地面，定向天线应朝对应方向安装，避免介质阻隔，保证通信质量。

5）节点固定安装后应突出墙体，宜采用支架式挂墙安装，支架用膨胀螺丝固定，整体简洁美观。

6）通信天线主瓣方向应正对目标覆盖区，并避开直接遮挡物，保证天线的辐射性能。天线沿主瓣方向与墙面、箱柜等金属壳体的距离不宜小于150mm。

汇聚节点安装效果如图7-1所示。

（2）变电接入节点安装要求如下：

1）安装位置应在标准机柜中，采用整体嵌入式安装，安装方向为水平安装，接线方式采用后接线安装方式。

2）接入节点通信天线宜安装在机柜上，确保信号接收无遮挡。当通信天线安装在顶部或侧面时，天线沿主瓣方向与墙面、箱柜等金属壳体的距离不宜小于150mm。多组通信天线相邻布置时，应充分考虑不同通信网络间干扰，必要时采取增加天线间距等措施。

3）线缆应布放在机柜中的走线槽内，并贴标签以清晰标识。

变电接入节点固定方式如图7-2所示。

图7-1 汇聚节点安装效果图

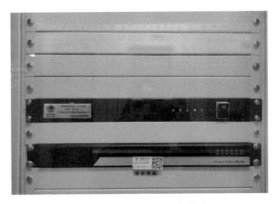

图7-2 接入节点固定方式

7.1.2.3 传感器设备安装

（1）一般要求。

1）安装位置。传感器的安装位置应设在能正确反映其检测性能的位置并与节点设备可靠连接，无线传感器应避免信号屏蔽，保证信号可靠传输。所有传感器应便于巡视及维护人员检查、操作和检修。

2）固定方式。传感器的固定应牢固、平稳，防止外力破坏，避免因温度、振动等原因造成移位。螺栓、抱箍等紧固件应根据现场环境选配适当材质和规格。根据需要增加减震附件，其紧固螺栓应采取防松措施。成排或集中安装的传感器应排列整齐，便于检查、操作和维护。所有在杆塔和支柱上安装的传感器均不允许打孔或焊接固定，不应降低安装本体的机械特性和电气性能。

3）线缆敷设。传感器外接电源与信号线缆应采用必要的防护措施，电源和信号线缆敷设应整齐、牢固，并有相应的防护措施，沿电缆沟敷设，选择最优路径。对于被监测设备下方无电缆沟的，必须埋设管道到电缆沟，并做好防潮措施。线缆标牌应有线号标识，标明线缆起点和终点。电源线缆的截面积应符合设计要求，原则上传感器的相关线缆不宜与本体直接接触，必要时需用衬垫隔离。线缆固定应牢固可靠，每间隔 0.5m 应有一个固定点。

4）接地要求。传感器需要接地的，应有明显的接地点并有效接地。传感器金属外壳或框架的接地应符合 GB/T 50169《电气装置安装工程　接地装置施工及验收规范》中的有关规定。

（2）典型传感器安装要求。

1）变电类传感器：

①气体压力、水分传感器安装时应保证被监测设备的气密性，同时不影响设备补气和离线取样。

②变压器（电抗器）铁芯电流传感器安装时不应改变原有接地导体。

③变压器噪声 / 振动传感器在安装前应用清洁绒布除去安装部位的灰尘及污渍，使传感器与箱体紧密贴合，传感器应吸合在变压器本体外壳侧壁中心点附近非加强筋处。

④避雷器泄漏电流传感器的避雷器接地端与地线母排应可靠连接，接地回路的导体截面积不应小于规程规定的截面积。

⑤温度传感器感温部位应紧贴被测设备、部件的金属部位，保证测温准确性。

⑥电容器组形变传感器宜安装在电容器外壳中心位置，宜采用强力胶固定，使传感器贴紧电容器外壳。

⑦互感器相对介质损耗传感器安装时不应改变末屏原有回路，应加装必要的取样保护器。

⑧变压器套管相对介质损耗传感器的套管专用适配器不应改变套管试验抽头的接地回路、密封性能、绝缘性能，适配器的电流信号取样回路宜具有防止开路的保护功能。

2）输电类传感器：

①导线电流传感器内的测流互感器开口处螺钉应拧紧，使互感器与导线

紧密贴合。

②导线/金具温度传感器的测温传感元件应避免太阳直接照射，应保证测温传感元件与导线/金具充分接触，其余部分应避免与导线/金具直接接触，必要时可采用导电硅橡胶衬垫将其隔离，以保护被测本体不受磨损。导线温度传感器一般应安装在线夹外 1m 处，并错开防振锤等附件。

③微风振动传感器测量点一般选择在悬垂线夹出口、阻尼线夹头、防振锤夹头、护线条端部、间隔棒夹头、接续金具端部等位置，在迎风侧安装导线，子导线安装位置迎风侧的上侧，具体安装位置应结合室内试验结果选择。

④绝缘子串拉力（含角度）传感器一般采用球头挂环替代方式，特殊情况下也可采用替代绝缘子串中其他部件的方式，但所选择的位置应尽量靠近铁塔端。分体式倾角传感器应安装在绝缘子串拉力传感器的上半部分。拉力传感器安装数量一般应与绝缘子串挂点数量一致，也可与绝缘子串数一致。安装完成后倾角传感器应与导线垂直，并记录拉力和倾角原始值。

⑤导线舞动传感器一般全档分布，大跨越线路则半档分布。安装位置应由传感器供应商技术人员现场确定，安装数量至少 5 个。

⑥导线弧垂传感器一般安装在交跨处或其他需监测位置的下相导线，测距器安装时应采取防松措施，传感器的测距探头应垂直对地。

⑦监测复合绝缘子串风偏时，传感器一般安装在绝缘子串的上端；监测盘形绝缘子串风偏时，传感器一般安装在绝缘子串的底端；监测跳线风偏时，传感器一般安装在跳线最低点，且尽可能保证水平。

（3）几种常见传感器的安装方法。

1）特高频局部放电传感器。外置式特高频局部放电传感器安装时，必须保证传感器和高压设备保持安全距离，不得缩短原有一次设备的最小安全距离。GIS 特高频局部放电传感器应安装于 GIS 盆式绝缘子的环氧树脂层外。传感器固定于两根禁锢盆式绝缘子螺栓的中间，且与盆式绝缘子紧密接触。

开关柜特高频局部放电传感器宜安装于开关柜柜壁中间位置。多面柜的特高频局部放电传感器应安装在同侧，且位置一致。当被测间隔有高压电缆时，必须将传感器接地端接到电缆接头的铜屏蔽层接地线上。当被测间隔无高压电缆时，可将传感器接地端接到开关柜接地铜排上中间位置处。变压器

特高频局部放电传感器宜安装于变压器底部的排油阀、手孔盖板或出厂预留的
介质窗处。高频电流传感器安装方向要保持一致，各传感器需做好相线标记。

特高频局部放电传感器的安装分两种：一种是对 GIS 的安装，一种是对
高压开关柜的安装。GIS 特高频局部放电传感器安装时，将特高频局部放电传
感器通过 4 个 M4 螺钉、螺母固定在传感器支架上。按图 7–3 组装 4 个 M6 螺
钉、螺母，然后将传感器固定在 GIS 绝缘盆子上，螺钉端部与 GIS 接触部垫
软胶垫，各部件安装示意图如图 7–3 所示。

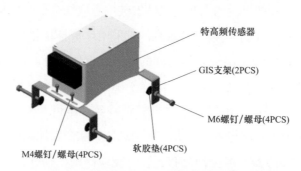

图 7–3　特高频局部放电传感器安装示意图

高压开关柜特高频局部放电传感器安装时，将特高频局部放电传感器通
过 M4 螺钉固定在具有磁性的传感器支架上，将具有磁性的传感器支架吸附
在开关柜面板上，各部件安装示意图如图 7–4 所示。

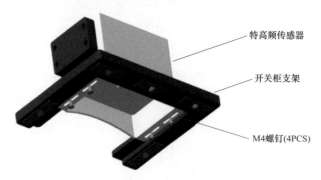

图 7–4　开关柜支架组装图

2）振动传感器。振动传感器安装前，应用清洁绒布除去安装部位的灰尘
及污渍。将设备底部的中心位置的传感器拔出，清理主变压器的表面，将传

感器贴上主变压器，保证 4 个吸铁石和 1 个振动传感头完整地接触到主变压器表面。振动传感器实物图如图 7-5 所示。

（a）振动传感器正面图　　　　　　（b）振动传感器背面图

图 7-5　振动传感器实物图

3）导线温度传感器。

导线温度传感器的安装位置应避免太阳直接照射。保证传感器测温元件与导线充分接触，非测温部位避免与导线直接接触，必要时可采用导热硅橡胶衬垫将其隔离，以保护被测本体不受磨损。导线温度传感器一般应安装在线夹外 1m 处，并错开防振锤等附件。

安装前事先用铝包带把线缆包裹缠绕住，打开上半环对着要测量的线缆把线缆卡进锁紧卡环内。调整好位置后，用固定螺钉固定好位置，再通过卡紧螺钉卡紧线缆。测温探头紧贴住被测温度的导线套管壁，再用线卡螺丝固定好测温探头并固定牢靠。具体安装示意图如图 7-6 所示。

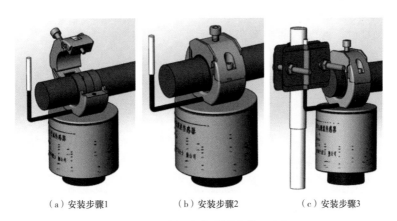

（a）安装步骤1　　　　　（b）安装步骤2　　　　　（c）安装步骤3

图 7-6　导线温度传感器安装示意图

4）杆塔倾斜传感器。杆塔倾斜传感器一般应安装在杆塔顶部位置。安装完毕后应设置初始值，初始值为传感器安装时杆塔实际倾斜角度。杆塔倾斜传感器应尽可能水平，采用螺钉锁紧及 T 型卡方式固定。杆塔倾斜传感器安装示意图如图 7-7 所示。

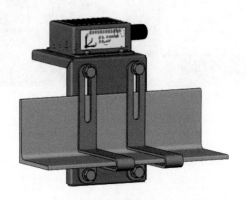

图 7-7　杆塔倾斜传感器安装示意图

7.1.3　安装后检查

7.1.3.1　节点设备安装后检查

（1）应根据安装方案检查，确保节点设备安装位置正确，并固定牢靠，确保不影响主辅设备正常运行。检查过程中核对、记录节点设备编号和位置是否对应。

（2）导线排列整齐、标志清晰。各组件间连接线缆固定可靠、规范，固定点连接良好，线缆弯曲处圆滑均匀，光纤无受压变形。信号线、电源线连接头接触良好，线缆穿管孔洞封堵完好。

（3）节点设备、线缆应具备相应的防护措施，能够满足防潮、防雨、防尘等要求。

（4）设备接地点、金属走线管可靠接地，接地线牢固、无松动或虚接现象。

7.1.3.2　传感器设备安装后检查

（1）应根据安装方案检查，确保安装位置正确并固定牢靠，不能影响被监测设备的结构强度和电气性能。检查过程中应核对、记录传感器的编号和位置是否对应。

（2）传感器外观整洁、无破损，导线应排列整齐、标志清晰，连接截面符合相关标准要求。

（3）绝缘状况良好、符合动热稳定要求，油路、气路部分的连接需满足密封要求。

（4）检查完成后，对传感器进行测试工作。传感器采集的数据应能上传至节点设备，并能稳定运行。最小采集周期应满足技术规范要求，测试结果应满足各项性能指标要求。

7.1.4 试运行与验收

7.1.4.1 节点设备试运行与验收

节点设备现场安装完成后进入试运行期，试运行期为3个月。试运行期间，设备功能和性能指标满足相关规范或其他供需双方约定的要求后方可进行工程验收。如果某月指标不符合要求，应追加1个月，直到合格为止。试运行期间，节点设备通信可靠性、网络管理、边缘计算等功能应满足设计要求，若出现设备缺陷应及时处理并做好记录。

试运行工作结束后开展工程验收，检查安装和调试过程中遗留问题的处理情况、试运行期间设备运行报告及消缺记录、技术资料文件的整理情况及验收组认为需要检查的其他项目。验收中发现不符合规范或设计要求的项目，应查明原因、分清责任，由责任方限期处理。验收后应对安装质量给出书面评价，形成验收结论填入现场验收单。节点设备现场验收单参见表7-3。

表7-3　　　　　　　　　　　节点设备现场验收单

工程名称			验收日期	
节点设备	节点设备数量	节点设备位置	通信方式	节点设备供应商

续表

	验收项目	验收标准	验收结果
1	安装和调试中的遗留问题处理情况	遗留问题应妥善处理，按期整改完毕	
2	试运行期间设备运行报告及消缺记录	1）节点设备通信的可靠性（上线率）、网络管理、边缘计算等功能满足设计要求；2）试运行期间设备缺陷及时处理，消缺记录完善	
3	技术资料文件的整理情况	技术资料齐全、内容完整、清楚准确	
4	验收组认为需要检查的其他项目	抽测检查结果符合本标准及相关规程规定	
5	验收不符合项处理情况	责任方在规定期限内处理完毕	
备注			
工程验收结论			
参加验收人员签字			

注　1."验收结果"一栏中，当满足验收标准时，在对应表格内标记"○"，反之标记"×"，并在备注栏予以必要说明。
　　2."工程验收结论"一栏中，主要汇总遗留问题处理、技术资料文件整理等项目的验收结果，并根据试运行期间工作情况给出验收结论。

7.1.4.2　传感器试运行与验收

传感器现场安装完成后进入试运行期，试运行期为 3 个月。试运行期间对传感器稳定性、准确性等指标进行跟踪观察，有条件时现场比对传感器测量数据是否正常。

试运行结束后开展工程验收工作，验收资料应详实准确，内容包括现场核对单、设计变更标准、安装方案、安装调试报告、试运行期间消缺记录。验收组可根据情况，对传感器工艺质量、性能指标等进行抽测检查。

验收中发现不符合相关规范或设计要求的项目时，应查明原因、分清责任，由责任方限期处理。验收后应对安装质量给出书面评价，形成验收结论填入现场验收单。传感器现场验收单参见表 7-4。

表 7-4　　　　　　　　　　传感器现场验收单

工程名称				验收日期	
序号	传感器类型	传感器编号	所属节点设备编号	安装位置	生产厂家
验收项目			验收标准		验收结果
1	安装和调试中的遗留问题处理情况		遗留问题应妥善处理，按期整改完毕		
2	试运行报告及消缺记录		试运行期间传感器运行正常，相关参数满足设计要求；试运行期间传感器缺陷及时处理，消缺记录完善		
3	验收资料标准的整理情况		验收资料齐全、内容完整、清楚准确		
4	验收组认为需要检查的其他项目		抽测检查结果符合本标准及相关标准规定		
5	验收不符合项处理情况		责任方在规定期限内处理完毕		
备注					
验收结论					
验收人员签字					

注　1. "验收结果"栏中，当满足验收标准时，在对应表格内标记"〇"，反之标记"×"，并在备注栏予以必要说明。
　　2. "工程验收结论"栏中，主要汇总传感器到货验收单检查、传感器安装后检查、传感器安装后验收，并对工作情况给出验收结论。

7.2 输变电设备物联网运维

7.2.1 节点设备运行规定

7.2.1.1 一般规定

接入节点设备应符合 Q/GDW 12083—2021《输变电设备物联网无线节点设备技术规范》的要求,具备数据接入与转发、数据存储、就地处理、网络管理和自管理功能,汇聚节点设备应具备数据接入与转发和自管理功能。应定期统计和分析节点设备的运行情况,包括实时接入率、告警数量、异常传感器数量等内容。

7.2.1.2 试运行要求

在节点设备试运行期间,传感器数据缺失率不应高于 1%。

7.2.1.3 台账管理

应依照台账模板,建立节点设备台账,确保节点设备参数维护的规范和准确,在节点设备安装、更换、退役时及时变更台账。

7.2.1.4 异常管理

应定期监视节点设备的内存使用率、CPU 占用率、储存空间使用比例等系统状态,检查节点设备运行状态是否异常。发现异常时,应按照《节点设备运行维护手册》及时处置,记录处置情况并录入相关系统。

7.2.1.5 退役管理

应依据实物资产管理办法,执行节点设备的退役流程。该流程包括退役申请、审批、清理和处置等环节。运维单位主管部门负责审批退役申请,获批后节点设备退出运行。

7.2.2 节点设备巡视及维护

7.2.2.1 节点设备巡视

节点设备巡视方式包括在线巡视、常规巡视和特殊巡视。

(1)在线巡视。在线巡视应每日开展,确保节点设备正常运行。当节点设备出现异常时,查询节点设备报文日志,及时报备和处理。

（2）常规巡视。室外节点设备常规巡视应结合输变电设备巡视工作同步开展，室内节点设备常规巡视应参照机房二次设备或网络设备巡视周期开展。节点设备常规巡视内容包括：

1）节点设备无明显松动，固定良好。

2）节点设备外观应无明显锈蚀、变形、破损，密封性良好。

3）节点设备的表面应无异物覆盖，外壳应无异常发热等。

（3）特殊巡视。在出现以下情况时应开展特殊巡视：

1）被监测设备经受雷击、短路等不良工况。

2）出现大负荷、异常气候等情况。

3）节点设备异常。

7.2.2.2　节点设备维护

（1）一般规定。室外节点设备维护应结合输变电设备维护工作同步开展，室内节点设备常规巡视应参照机房二次设备或网络设备维护周期开展。

（2）外观维护。外观维护要求如下：

1）当节点设备松动，应立即检查并重新固定设备。

2）当节点设备出现异常的噪声或异响，应及时检查设备的机械部件，如风扇、驱动器或其他旋转部件，以确定问题的来源。

3）定期检查节点设备的外观，如发现锈蚀、破损或变形等问题，应及时消缺。

4）当节点设备的外壳异常发热，应检查设备的散热系统、风扇运转、温度传感器等，确定过热原因，采取清洁、维修或更换散热部件等措施，确保设备正常运行且不会受到过热的影响。

（3）软件维护。软件维护要求如下：

1）定期检查汇聚节点设备的软件功能运行情况，包括感知设备数据上行汇集和下行转发功能。

2）定期检查接入节点设备的软件功能运行情况，包括感知设备数据上行汇集和下行转发功能，以及边缘计算模块软件功能。

3）定期进行接入节点设备的系统或应用升级，通过远程连接或有线连接方式确保设备固件和软件的最新版本。

7.2.3 传感器运行规定

7.2.3.1 一般规定

微功率传感器应具备数据报文上送周期远程配置功能，低功耗传感器应具备数据报文上送周期、发送功率、工作频点等参数远程配置功能，传感器数据报文的上送周期应根据运行规程进行配置，其在运行时不应随意移动、拆卸。应定期统计传感器的实时接入率、告警数量、缺陷数量、数据准确性等运行情况。

7.2.3.2 试运行要求

在传感器试运行期间，传感器数据缺失率不应高于 5%。

7.2.3.3 台账管理

应依照台账模板建立传感器台账，确保传感器参数维护的规范和准确，在传感器安装、更换、退役时及时变更台账。

7.2.3.4 异常管理

当出现离线、数据异常、误告警、电量过低等典型异常现象时，应按照《传感器运行维护手册》进行检查处理。应根据异常情况进行处理，对于不涉及停电工作的应在 1 个月内完成处理；对于需要停电处理的工作，应综合考虑停电计划等因素进行处理。处理完毕后应记录传感器发生的异常和故障的处置情况，录入相关系统。

7.2.3.5 退役管理

应依据实物资产管理办法，执行传感器的退役流程，对于低值易耗类传感器参照材料处理流程。该流程包括退役申请、审批、清理和处置等环节，运维单位主管部门负责审批退役申请，获批后传感器退出运行。

7.2.4 传感器巡视及维护

7.2.4.1 传感器巡视

传感器巡视方式包括在线巡视、常规巡视和特殊巡视。

（1）在线巡视。在线巡视应每日开展，确保传感器数据正常上传，传感器报警信息应准确、无误报。当传感器出现异常时，应查询节点设备的报文日志，及时报备和处理。

（2）常规巡视。传感器常规巡视要求包括：

1）传感器无明显松动，固定良好。

2）传感器外观应无明显锈蚀、变形、破损，密封性良好。

3）传感器的表面应无异物覆盖，外壳应无异常发热等。

（3）特殊巡视。特殊巡视应在出现以下情况时开展：

1）被监测设备遭受雷击、短路等大扰动。

2）被监测设备存在重大隐患。

3）被监测设备出现大负荷、异常气候等情况。

4）传感器监测数据异常。

7.2.4.2　传感器维护

传感器常规维护要求如下：

（1）传感器出现松动、异响时应及时维护。

（2）传感器外观出现锈蚀、破损、变形时，应及时维护。

（3）传感器表面及探测口有异物覆盖时，应及时清理。

（4）传感器外壳异常发热时，应及时排查原因并维护。

（5）接触式传感器与被监测设备接触不紧密时，应及时紧固。

第八章

输变电设备
物联网建设实践

输变电设备物联网的建设过程始于解决实际问题的想法，落脚于设备的实际部署和系统的运行维护。在这个过程中，涉及需求调研、设备选型、部署规划、现场安装、系统应用等环节。下面分别对输电设备物联网建设实践和变电设备物联网建设实践案例进行详细介绍。

8.1 输电设备物联网建设实践

输电设备物联网建设实践涉及设备连接、数据采集传输、数据存储处理、远程监控控制、系统集成应用开发和安全保障等工作。在一基杆塔或连续多基杆塔上部署低功耗的输电接入节点，统筹采集环境量、状态量和辅助设备状态等数据并进行处理和计算，然后通过无线专网或无线虚拟专网方式送至物联管理平台，视频流数据接入统一视频平台。支撑输电线路物联监控、指挥决策系统、设备管理与故障诊断等各类业务应用，提高输电线路管理和运维的智能化水平。输电设备物联网应用场景如图8-1所示。

下面主要介绍输电设备物联网建设实践中某输电线路物联网试点工程和输电边缘计算融合终端。

8.1.1 220kV 输电线路物联网试点工程

本小节从业务需求、部署配置、现场安装、应用场景四个方面来介绍某输电线路物联网试点工程。

1.业务需求

采用低功率无线传感器，可以有效地解决高电位安装位置绝缘、复杂布线、无线传输功耗等问题。输电场景中的传感器通过微功率无线传感网、光纤、电缆等通信介质，将小范围内的传感器信号进行集中，采集不同种类的物理监测量，并将其转换为光信号或者电信号上传至汇聚节点，再由汇聚节

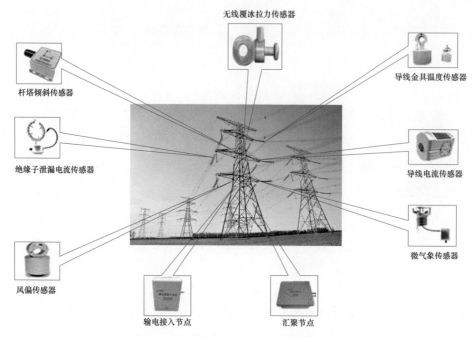

图 8-1　输电设备物联网应用场景示意图

点向接入节点进行传输。在传输过程中，利用低功耗的无线传感技术，可以降低能耗并提高传输的可靠性，实现了输电场景中对各种监测量的采集。

2. 部署配置

传感器用于采集不同种类的物理输入量并转换为光信号或者电信号。传感器网络通过微功率无线传感网、光纤、电缆等数据传输介质，收集一定范围内的传感器信号上传至汇聚节点。传感器层主要负责数据采集和在一定范围内收集采集数据，采用低功率无线传感器，可有效地解决设备绝缘、复杂布线、无线传输功耗等问题。表 8-1 统计了该输电物联网试点工程中节点设备及传感器的配置数量。

表 8-1　　　　　　　　输电线路节点设备及传感器统计表

设备	采集量	数据传输方式	是否低功耗	配置数量
导线温度传感器	温度电流	无线	是	180
导线风偏传感器	风偏	无线	是	30

设备	采集量	数据传输方式	是否低功耗	配置数量
导线故障定位	电压、电流	无线	是	8
杆塔倾斜传感器	杆塔倾斜	无线	是	30
泄漏电流传感器	绝缘子泄漏电流	无线	是	8
微气象传感器	温度、湿度、风速等	无线	是	6
汇聚终端	—	无线	是	20
接入终端	—	无线	是	15

该输电线路物联网试点工程中四类传感器安装位置已明确，考虑传感器的部署距离和无线传感网的通信距离，采用直线距离每 800m 部署 1 台汇聚节点的原则，设计部署汇聚节点 5 台、接入节点 2 台，以"链状 + 多跳"方式进行组网，该试点工程的节点部署方案如图 8-2 所示。

3. 现场安装

在输电线路物联网试点工程中，各类传感器的准确安装是确保数据采集和监测效果的关键环节。

在输电线路的导线上按照规定间距固定安装导线温度传感器。传感器通过自身的温度感应能力，实时监测导线温度变化，导线温度传感器的安装如图 8-3 所示。

导线风偏传感器通过感应导线的挠度来识别导线的风偏情况，为输电线路的安全性提供数据支持，导线风偏传感器的安装如图 8-4 所示。

杆塔倾斜传感器安装在输电线路的杆塔上。它能够实时监测杆塔的倾斜角度，并及时发出警报，提醒维护人员采取相应的措施。杆塔倾斜传感器的安装如图 8-5 所示。

微气象传感器需要安装在离杆塔较近的支架上。它可以监测温度、湿度、风速和降雨等气象参数，为输电线路的运行与管理提供重要的气象数据。微气象传感器的安装如图 8-6 所示。

4. 应用场景

在该试点工程中，基于已统一通信规约的输电线路感知元件构建如下应

输变电设备物联网技术与实践

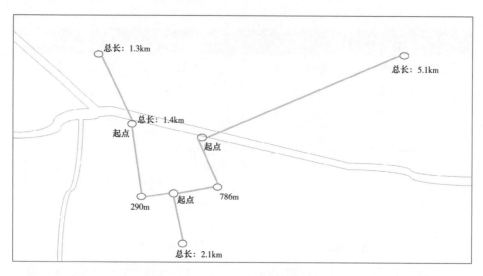

图 8-2 输电线路传感器安装位置

图 8-3 导线温度传感器安装图

图 8-4 导线风偏传感器安装图

图 8-5　杆塔倾斜传感器安装图　　　　图 8-6　微气象传感器安装图

用场景：

（1）线路状态实时感知与智能诊断。通过超低功耗无线传感网及节点设备实现信息互联及融合，利用边缘计算实现设备状态的初步诊断及告警，依托设备物联网高级应用实现多源信息数据的融合分析与深化应用；利用大数据、云计算等人工智能手段实现输电线路状态主动评估、智能预警及精准运维，提高线路运检效率和效益。

（2）自然灾害全景感知与预警决策。通过对雷电、覆冰、山火、台风、地质灾害、舞动等监测预警技术的推广应用，完善基于输电通道环境监测信息的自然灾害预测预警模型，实现通道自然灾害的可视化展示、灾害演化的仿真评估和预测预警，实现对通道各类致灾因子监测预警的全覆盖、高精度、强时效，为智能抢修和智能调度提供决策依据。

（3）输电线路故障诊断。综合运用分布式故障定位、故障录波数据、地理位置等多类信息，综合研判故障区域和类型，实现线路故障快速定位，缩短故障查找时间。

8.1.2　110kV输电线路物联网试点工程

本小节从业务需求、部署配置、现场安装、应用场景四个方面介绍输电通道可视化及物联网边缘计算融合终端试点工程。

1. 业务需求

针对输电线路前端感知数据融合不够、通道隐患就地智能化分析能力不足、物联通信节点部署成本高等问题，可利用边缘计算融合终端实现杆塔、导线等数值类、图像类感知数据的统一接入、分析处理及结果回传，提升架空线路状态感知的有效性和经济性。边缘计算融合终端具备较强的计算和分析能力，可实现对传感器数据的实时处理和分析。终端设备集成了多种算法和模型，可实现对感知数据的智能化分析，边缘计算融合终端可以将数据的处理结果通过无线通信网络回传给上级系统，辅助运维人员进行进一步的处理和决策。

2. 部署配置

输电通道可视化及物联网边缘计算融合终端集合物联网输电节点设备与输电通道监拍装置功能，具备杆塔及导线无线传感器数据汇聚、可视化视频 / 图像采集功能、宽窄带数据边缘融合分析功能，分析结果数据通过无线 APN 通道上送至物联管理平台和统一视频平台，进一步上送至应用平台。设备接入框架如图 8-7 所示。

图 8-7　接入框架

输电通道可视化及物联网边缘计算融合终端位于输电物联网的感知层，设备安装于杆塔上，是硬件平台化、软件容器化的通用装置。利用设备本地通信接口对各类输电线路状态感知终端、传感器等设备接入并统一管理，通过协议解析对业务数据进行提取、汇聚及存储，并按物联模型要求进行标准化建模，利用边缘计算能力对业务数据处理后发送至输电全景监控平台。边缘智能终端具备以下特点：

（1）基于统一通信协议及标准化通信接口，通过有线或无线等方式支持各类状态感知终端的可靠接入，对采集数据及配置数据进行分类管理和存储。

（2）融合终端进行数据汇聚后通过软加密形式统一接入输电线路物联监控平台，输电线路状态感知终端不需要再进行硬件加密。针对无信号区、低信号区及有信号区的不同线路环境，适当选取公网专网、光纤、网桥、微波、北斗短报文等形式实现输电通道可视化及物联网边缘计算融合终端数据的可靠回传。

（3）支持各类感知终端的即插即用、自动入网，不需要现场进行二次配置。具备统一的唯一性身份标识，实现输电线路物联监控平台对边缘智能终端的有效管理，并可实现所接入的状态感知终端、日志、软件等的在线管理。

（4）具备边缘计算功能，支撑输电线路边缘计算业务，可选配边缘计算人工智能芯片或模块，增强边缘计算功能。

3. 现场安装

结合现场的安排进线路需求，在 220kV 2M41 线进行安装和试运行，分别在 27 号、31 号杆塔完成设备安装，具体现场信息详见图 8-8。

图 8-8 终端现场安装

智能融合终端在实际的运行场景中，在通过端侧传感器监测现场导线状态、气象状态的同时同步监测通道状态，结合边缘计算框架实现传感器数据、可视化数据的融合处理，依托边缘计算框架的 AI 识别智能分析输电通道外力破坏，通过融合数据实现前端数据的多维融合分析计算及智能告警。

4.应用场景

智能融合终端在集成了开放式输电设备边缘计算技术的基础上，规范了边缘计算执行框架及其运行环境，可容纳更多专业算法，使大量数据分析与诊断功能在现场完成，极大地节约数据通信传输成本与分析计算成本，提升了识别实时性。

在"三跨"（跨越高速铁路、高速公路和重要输电通道）输电线路等重要交叉跨越区段、外力破坏多发区段以及线路高风险区段，规模化安装具备边缘计算能力的智能可视化监拍装置，采用定时拍照、召唤拍照、短视频录制或实时视频等方式采集线路通道环境数据，利用图像处理技术在装置端实现外力破坏隐患智能识别。融合基于深度学习的图像识别方法，实现可视化装置的管理和通道的全天候远程巡视，基于规范统一的装置互联互通协议和系统接口，实现装置、系统的横向互联、纵向贯通，将预告警信息实时推送至运维人员现场作业移动终端，打通调控云与可视化系统的信息通道，实现线路跳闸与通道拍照的在线协同，为调控人员处置跳闸故障及运维人员分析故障提供支撑。

8.2 变电设备物联网建设实践

变电站作为电网的重要组成部分，其内部设备多、种类杂、管理难度大，应用场景如图8-9所示。变电智慧物联体系建设采用各种先进采集终端，将变电站设备设施的状态汇集起来，进行统一管理、分析与决策，提升变电站运行状态的感知水平和运维效率，保障操作安全、人身安全及设备安全，实现"全面监控、数据融通、智能运检、精益管理、本质安全"的变电智慧物联体系建设目标。通过变电设备物联网建设实践，可以实现对变电设备的实时监测、故障预测和智能管理，提高设备的可靠性、安全性和运行效率，减少故障停电时间，优化能源利用。变电设备物联网应用场景示意如图8-9所示。

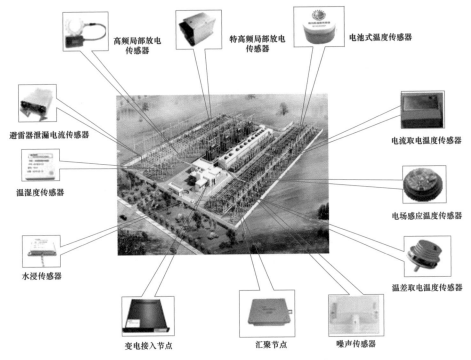

图 8-9　变电设备物联网应用场景示意图

下面介绍 220kV 变电站和某 1000kV 特高压变电站的变电设备物联网建设实践案例。

8.2.1　220kV 变电站试点工程

本小节从业务需求、部署配置、现场安装、应用场景四个方面介绍某 220kV 变电站试点工程。

1. 业务需求

该变电站为全封闭的室内站，试点工程涉及 8 大区域，分别是 10kV 开关室、电容器及接地变压器室、2 号主变压器室、3 号主变压器室、110kV GIS室、220kV GIS室、地下电缆层及室外区域。试点工程将采用电力物联网技术，实现站内设备状态感知泛在化、传感单元微型化、物联网络去中心化、数据传输无线化、应用分析智能化，最终实现智能运检的目的。

2. 部署配置

该变电站节点设备部署按照一个区域一个汇聚节点、全站部署 1 台接入节点的原则,实现各个封闭区域的传感器组网。共计部署 1 个接入节点、9 个汇聚节点,网络组网示意如图 8-10 所示。

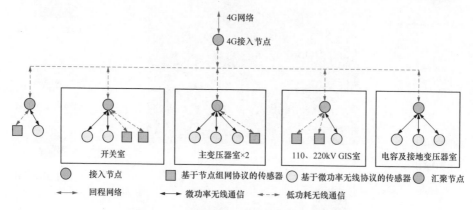

图 8-10 变电站物联网传感器组网示意图

变电站室内外传感器均通过汇聚节点进行一次汇聚,由汇聚节点通过低功耗无线通信将数据统一发送给接入节点,计入节点通过 APN 方式接入电力设备物联网管理平台。

3. 现场安装

变电业务场景采用"星型＋多跳"组网方式进行数据传输,实现无线传感终端的全站统一接入。在该变电站中,设计安装 1 个接入节点、10 个汇聚节点,实现全站覆盖,接入 11 类共 380 只传感终端,传感器安装说明如图 8-11 所示。

传感器的安装包含 10kV 开关室、主变压器室、室内电缆层级室外水井、电容器组和 GIS 区域,下面主要介绍开关室、主变压器室内和电容器组传感器的安装。

(1)10kV 开关室。开关柜主要安装温度、温湿度、局放类传感器及相应的汇聚节点设备,安装位置如图 8-12 和图 8-13 所示。

(2)变压器室。变压器室安装电流感应式温度传感器、温湿度传感器和汇聚节点,传感器安装位置如图 8-14 和图 8-15 所示。

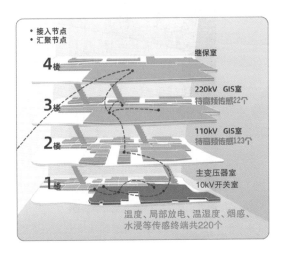

图 8-11　传感器安装说明图

图 8-12　开关柜无线温度传感器安装

图 8-13　开关柜内箱体温湿度传感器、特高频局部放电传感器

（a）进线安装示意

（b）出线安装示意

图 8-14　高压（110kV）接头、低压（10kV）无线温度传感器现场安装示意图

图 8-15　主变端子箱温度传感器现场安装示意图

（3）电容器组。电容器组的传感器主要有温度和形变两种，传感器安装位置如图 8-16 所示。

图 8-16　电容器接线桩头温度传感器安装

4. 应用场景

一期变电感知元件选择已统一规约的 11 种感知元件，其他感知元件，如变压器振动、套管介损、套管局放、组合电器 SF_6 气体压力、电抗器噪声、电抗器红外测温、站用交直流监测、开关柜机械特性等感知元件按计划陆续逐步接入，构建如下应用场景：

（1）设备告警。告警模块分为未确认告警、已确认告警和配置页面，具备搜索功能，支持电压等级、告警等级、对象类型和对象名称等搜索条件。其中，未确认告警中对设备的各项指标名称进行分类告警，对告警的等级（一般、严重、危机）与状态（正常、异常、缺陷、故障）也进行相应分类，人工处理完成后进入历史告警列表，实现每条告警记录精细化处理。在已确认告警中增加处理人员和处理时间，支持事件过程回溯。

（2）局部放电深度分析。

变电设备对象的局部放电深度分析主要包括局部放电数据诊断、设备状态分析和图谱展示。变电局部放电涉及变压器本体、套管、开关柜和组合电器的局部放电指标深度分析。设备状态预警模块的核心功能是根据当前周期内多条监测数据及其诊断结果，通过一定的告警规则对数据进行分析，得出设备状态，从而为设备的状态分析提供支持，及时发现异常设备，指导开展具有针对性的状态检测工作，实现从事后应对到事前防范的转变。

（3）主设备状态评估。利用预防性试验、带电检测、在线监测的本体和环境参数，结合故障记录、家族缺陷等信息，确定主要状态量的关联度、权重及差异化阈值，采用大数据分析和模糊理论、层次分析等智能算法对变压器等变电设备整体健康状态进行分析评估。由于变压器监测的状态参量相对完整，具备综合评估的条件，初期以变压器状态评估为突破口，建立可靠的分析模型后逐步拓展到其他设备。

（4）设备故障诊断。基于油色谱、局部放电、温度分布等在线监测以及离线电气试验获取的状态参量，初期采用横向比较、纵向比较、比值编码等数值分析方法进行判断。开展基于主变压器油色谱、GIS 局部放电、开关柜局部放电的故障诊断模型研究，在积累足够的状态参量和故障案例后，综合利用大数据分析和神经网络、贝叶斯等多种智能算法，开展变电设备故障诊断。

8.2.2 1000kV 变电站试点工程

本小节将从业务需求、部署配置、现场安装、应用场景四个方面介绍某1000kV 变电站试点工程。

1. 业务需求

特高压变电站区域主要分为以下几个部分：高压电抗器区域、主变压器及附属线路区域、1000kV GIS 区域、500kV GIS 区域、主控室、继保室区域及低压侧区域。试点工程将在各个关键区域内安装传感器设备，对设备运行状态、环境变量等进行状态感知和数据采集。通过实时监测，及时掌握设备的运行状况、温度、湿度、泄漏电流等关键指标，以便进行故障诊断和预防性维护。

2. 部署配置

在该试点工程中，综合考虑项目投资建设强度、现场节点设备安装施工条件，为了确保投资建设经济性及传感器最大化覆盖等要求，采用1个接入节点和11个汇聚的节点设备布置方案。利用站内屋顶条件安装L型立杆、墙体挂墙的方式安装汇聚节点，降低施工的工作量和难度。特高压变电站室内外传感器均通过汇聚节点进行一次汇聚，由汇聚节点通过低功耗无线通信将数据统一发送给相应的接入节点，接入节点通过有线网络接入电力设备物联网管理平台。图8-17所示是特高压变电站物联网传感器网络拓扑方案。

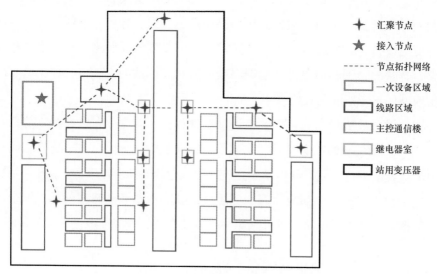

图8-17 特高压变电站物联网传感器网络拓扑方案

3. 现场安装

试点工程的传感器包括水位传感器、泄漏电流传感器、温湿度传感器。安装位置主要在高压电抗器区域、主变压器及附属线路区域和室外水井。

（1）高压电抗器区域。高压电抗器区域主要安装温湿度传感器、泄漏电流传感器，传感器安装位置如8-18和图8-19所示。

图 8-18 高压电抗器端子箱温度传感器现场安装示意图

图 8-19 高压电抗器泄漏电流传感器现场安装示意图

（2）主变压器及附属线路区域。主变压器区域主要安装温湿度传感器、泄漏电流传感器，传感器安装位置如图 8-20 和图 8-21 所示。

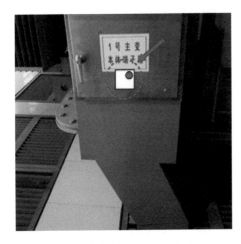

图 8-20 主变压器端子箱温度传感器现场安装示意图

图 8-21 主变压器泄漏电流传感器现场安装示意图

（3）室外水井。室外水井主要安装水位传感器，安装位置如图 8-22 所示。

图 8-22　水位传感器现场安装示意图

4.应用场景

（1）环境状态实时监测。通过站内环境监测设备，采集分析变电站微气象、烟雾、温湿度、电缆沟水位、室内 SF_6 气体等传感器数据，实现变电站运行环境状态感知，并及时推送站内安全运行风险预警。

（2）变电主设备的状态感知。利用状态监测传感器，如油压监测装置、声纹装置等，实现变电设备状态全方位实时感知；根据智能算法对状态量进行诊断，实现设备状态自主快速感知和告警。对于异常设备，及时向运行人员推送告警信息，并上传至平台层进行进一步的综合诊断分析。

（3）变电主辅设备智能联动。在站内如发生预警、异常、故障、火灾、暴雨等情况，主动启用机器人、视频监控、灯光、环境监控、消防等设备设施，立体呈现现场的运行情况和环境数据，实现主辅设备智能联动、协同控制，为设备异常判别和指挥决策提供信息支撑。

（4）变电运检人员作业行为智能管控。变电运检人员通过北斗定位终端，配合具有位置信息和近场通信传感器的边界标识设备，应用现场视频监控、移动云台等物联网技术，开展作业人员入场检测、分组定位、电子围栏布设、作业范围划分、区域检测、运动检测、作业监控、违规告警，实现运检人员、设备间隔、作业范围的人人互联、人物互联，避免人员误入带电间隔或失去工作现场监护，确保人身安全。

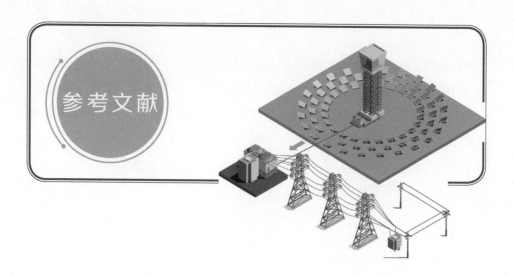

参考文献

［1］郑相全，等．无线自组网技术实用教程．北京：清华大学出版社，2004．

［2］李晓维，徐勇军，任丰原，等．无线传感器网络技术 [M].北京：北京理工大学出版社，2007．

［3］李谦，张卫东，杨志超，等．变电站空间电磁场对电力物联网汇聚节点线缆耦合特性分析 [J].南方电网技术，2022，16（07）：92-100．

［4］马跃．物联网平台技术在能源互联网中的应用 [M].北京：中国电力出版社，2021．

［5］路永玲，刘洋，胡成博，等．基于 LoRa 的架空线路物联网感知技术研究 [J].电气应用，2019，38（07）：68-72．

［6］谢艳晴．Spark Streaming 在实时计算中的应用研究 [J].电脑知识与技术，2018，14（25）：258-259．

［7］兰天宝，高齐乐．基于机器学习算法的设备管嘴结构强度预测 [J].自动化与仪器仪表，2022（10）：60-64．

［8］钱志鸿，刘丹．蓝牙技术数据传输综述 [J].通信学报，2012，33（04）：143-151．

［9］赵景宏，李英凡，许纯信．Zigbee 技术简介 [J].电力系统通信，2006（07）：54-56．

［10］张文升．分布式数据库 Greenplum 研究与应用 [J].金融科技时代，2017（06）：48-50．

［11］金国栋，卞昊穹，陈跃国，等 .HDFS 存储和优化技术研究综述 [J]. 软件学报，2020，31（01）：137–161.

［12］张世栋，左新斌，孙勇，等 .一种配电主设备分布式状态传感器可靠性评估方法 [J]. 华北电力大学学报（自然科学版），2021，48（01）：33–41.

［13］胡连亚，李剑，周海鹰，等 .无线传感器网络可靠性技术分析 [J]. 计算机科学，2014，41（S1）：247–251+285.

［14］刘雪锋，尹泓江，李阳斌，等 .输电线路在线监测管理平台设计与系统开发 [J]. 电子制作，2020（22）：83–84+23.

［15］丛鹏，程晓岩，刘晓明 .物联网技术及其在电力系统通信中的应用分析 [J]. 通信电源技术，2020，37（04）：118–119.

［16］张翼英，张素香 .量子通信及其在电力通信的应用 [J]. 电力信息与通信技术，2016，14（09）：7–11.

［17］褚江，任士众 .磁势自平衡回馈补偿式直流传感器难点研究 [J]. 电测与仪表，2006（10）：4–7.

［18］魏星，方峻，王卫国 .加速退化试验下电流传感器的可靠性评估 [J]. 机械设计与制造，2017，318（08）：69–71+75.

［19］褚江，任士众 .磁势自平衡回馈补偿式直流传感器难点研究 [J]. 电测与仪表，2006（10）：4–7.

［20］潘正强，周经伦，彭宝华 .基于 Wiener 过程的多应力加速退化试验设计 [J]. 系统工程理论与实践，2009，29（8）：64–71.

［21］郭建英，丁喜波，孙永全，刘新华 .铂膜温度传感器可靠性定级加速试验研究 [J]. 仪器仪表学报，2009，30（06）：1129–1133.

［22］陈亮，胡昌华 .Gamma 过程退化模型估计中测量误差影响的仿真研究 [J]. 系统仿真技术，2010，6（1）：1–5.

［23］孙中泉，赵建印 .Gamma 过程退化失效可靠性分析 [J]. 海军航空工程学院学报，2010，25（5）：581–584.

［24］潘骏，王小云，陈文华 .基于多元性能参数的加速退化试验方案优化设计研究 [J]. 机械工程学报，2012，48（2）：30–35.

［25］李世豪，缪巍巍，曾锃，等 .面向电力物联的边缘计算框架设计初

探 [J]. 电力信息与通信技术，2020，18（12）：51-58.

［26］杜羽，张兆云，赵洋 . 边缘计算在智能电网中的应用综述 [J]. 湖北电力，2021，45（03）：72-81.

［27］李文豪，陈仲生 . 边缘计算网关关键技术及其应用 [J]. 控制与信息技术，2022（04）：1-10.

［28］曾四鸣，张素香，罗蓬，等 . 边缘计算技术在智能电网的应用前瞻 [C]. 中国电机工程学会电力通信专业委员会第十三届学术会议论文集，2022：144-146.

［29］周广新，郑龙，朱娜 . 基于 B-S 分布的加速退化模型 [J]. 科学技术与工程，2012，12（15）：3572-3576.

［30］国家电网有限公司，国网安徽省电力有限公司电力科学研究院 . 基于量子精密测量的高电压电流互感器：201910265975.X[P].2019-08-27.

［31］徐兰声，张雄 .GPS 辅助测距下的无线传感器网络时间同步误差分析［J］. 传感技术学报，2023，36（09）：1467-1472.

［32］王鹏，袁三男 . 基于树状网络拓扑的分簇时间同步算法 [J]. 传感技术学报，2020，33（10）：1475-1482.

［33］张梅，荣昆，张双双 . 基于卡尔曼滤波的 TPSN 时钟同步算法 [J]. 电子测量技术，2020，43（18）：43-46.

［34］张超 . 基于分簇的多跳无线传感网络时间同步算法 [J]. 无线互联科技，2020，17（08）：7-8.

［35］刘学超，郭改枝，潘亮 . 基于机器学习方法的无线传感网络时钟同步算法［J］. 现代电子技术，2018，41（05）：65-68+73.

［36］吴论生，吕保强 . 面向多跳无线传感网的 IEEE 1588 PTP 时间同步优化［J］. 重庆师范大学学报（自然科学版），2016，33（03）：107-114.

［37］师超，仇洪冰，孙昌霞 . 一种无线传感网络的非线性平均时间同步方案 [J]. 西北大学学报（自然科学版），2014，44（05）：724-728+732.

［38］宋旭文，李晓伟，沈冬冬，等 . 一种低功耗的多跳无线传感网时间同步算法 [J]. 电子科技，2014，27（04）：9-11+40.

［39］刘军，王宝林，杨超，等 . 无线传感网络容错时间同步算法的改进与仿真 [J]. 西北大学学报（自然科学版），2012，42（06）：907-910.